Leitfaden

Senkung des Stromverbrauchs auf Kläranlagen

Systematisches Vorgehen zur Steigerung der
Energieeffizienz durch Nutzung des Einsparpotenzials

P. Baumann
M. Roth

Deutsche Vereinigung für Wasserwirtschaft, Abwasser und Abfall e.V.
Landesverband Baden-Württemberg

Impressum

Die Deutsche Vereinigung für Wasserwirtschaft, Abwasser und Abfall e. V. (DWA) ist in Deutschland Sprecher für alle übergreifenden Wasserfragen und setzt sich intensiv für die Entwicklung einer sicheren und nachhaltigen Wasserwirtschaft ein. Als politisch und wirtschaftlich unabhängige Organisation arbeitet sie fachlich auf den Gebieten Wasserwirtschaft, Abwasser, Abfall und Bodenschutz.

In Europa ist die DWA die mitgliederstärkste Vereinigung auf diesem Gebiet und nimmt durch ihre fachliche Kompetenz bezüglich Normung, Beruflicher Bildung und Information der Öffentlichkeit eine besondere Stellung ein.

Die rund 14.000 Mitglieder repräsentieren die Fachleute und Führungskräfte aus Kommunen, Hochschulen, Ingenieurbüros, Behörden und Unternehmen. Der Schwerpunkt ihrer Tätigkeiten liegt auf der Erarbeitung und Aktualisierung eines einheitlichen technischen Regelwerkes sowie der Mitarbeit bei der Aufstellung fachspezifischer Normen auf nationaler und internationaler Ebene. Hierzu gehören nicht nur die technisch-wissenschaftlichen Themen, sondern auch die wirtschaftlichen und rechtlichen Belange des Umwelt- und Gewässerschutzes.

Ein zentraler Bereich der DWA-Arbeit sind die Angebote zur beruflichen Bildung. Hier sind besonders die Kanal- und Kläranlagen-Nachbarschaften zu erwähnen. Zwei- bis viermal im Jahr kommt das Betriebspersonal wechselseitig auf den Kläranlagen oder Kanalbetrieben zum Erfahrungsaustausch und zur Fortbildung zusammen.

Herausgeber:
DWA Landesverband Baden-Württemberg
Rennstraße 8 · 70499 Stuttgart
Tel.: 0711-896631 0 · Fax: 0711-896631 11
Mail: info@dwa-bw.de · www.dwa-bw.de

Heft 4, 2. Auflage
ISBN 978-3-940173-47-8

© DWA Landesverband
Baden-Württemberg, Juli 2008

Autoren:
Dr.-Ing. Manfred Roth,
Universität Stuttgart
Dr.-Ing. Peter Baumann,
Weber-Ingenieure GmbH

Redaktion:
DWA Landesverband
Baden-Württemberg

Vorwort

Der Klimawandel und die steigenden Energiepreise haben die Energiegewinnung und den Energieverbrauch zu einem der wichtigsten Zukunftsthemen gemacht. Wirtschaft und Gesellschaft sind zunehmend herausgefordert, sowohl sparsam mit Energie umzugehen, als auch erneuerbare Energien einzusetzen, wo immer dies möglich ist. Diese Herausforderung gilt für alle Einrichtungen, die dem Umweltschutz dienen, in besonderem Maße.

Insofern stehen auch die Betreiber von Kläranlagen in einer herausgehobenen Verantwortung, obwohl ihre Anlagen zu nicht einmal 1 % am nationalen Energieverbrauch beteiligt sind und daher selbst bei Nutzung aller Einsparpotenziale und der vollständigen Verstromung des Faulgases kein bedeutender Beitrag zum Klimaschutz geleistet werden kann.

Direkt betroffen sind Kommunen bzw. Bürger von der ökonomischen Seite des Energieverbrauchs. Die Energiekosten bei der Abwasserreinigung, weit überwiegend sind dies Stromkosten, machen im Durchschnitt etwa 15 % der Betriebskosten aus, Tendenz steigend. Durch eine deutliche Senkung der Strombezugskosten, die auf den meisten Anlagen durch konsequente Einsparungen bzw. durch Einbindung eines Blockheizkraftwerks möglich ist, kann mithin ein wichtiger Beitrag zur Stabilisierung der Abwassergebühren geleistet werden.

Bei allen Ansätzen zur Energieeinsparung auf Kläranlagen spielt der Betrieb eine Schlüsselrolle. Nachhaltige Erfolge können nur erreicht werden, wenn die Mitarbeiter begreifen, dass die Minimierung des Energieverbrauchs auch eine betriebliche Aufgabe darstellt, die zudem auf Dauer angelegt ist. In diesem Sinne muss das Personal mit der energetischen Seite des Kläranlagenbetriebs vertraut gemacht, qualifiziert und motiviert werden. Einen Beitrag dazu soll der vorliegende Leitfaden leisten, der in einer ersten Fassung bereits Ende 1999 erschienen ist und angesichts der Aktualität des Themas überarbeitet wurde. Er enthält die notwendigen Instrumente, die es dem Betriebspersonal erlauben, die Energiesituation der eigenen Kläranlage zu bewerten und die vielfältigen Möglichkeiten zur Senkung des Stromverbrauchs im laufenden Betrieb sachkundig in Angriff zu nehmen.

Ich bedanke mich bei den Autoren, Dr. Manfred Roth und Dr. Peter Baumann, für ihre Arbeit und die umfassende und systematische Ausarbeitung der Themen und gleichzeitig bei all jenen, die an der Entstehung des Leitfadens beteiligt waren.

Stuttgart, im Juli 2008

Wolfgang Schanz
Vorsitzender des DWA Landesverbands Baden-Württemberg

Inhaltsverzeichnis

1 Einführung und Ziele

Die Energieeffizienz auf Kläranlagen kann sowohl durch verstärkte Nutzung regenerativer Energien in Form der Verstromung von Faulgas in Blockheizkraftwerken als auch durch die Senkung des Energieverbrauchs gesteigert werden.

Der vorliegende Leitfaden setzt auf der Verbrauchsseite an und konzentriert sich dabei auf den Stromverbrauch. Der Wärmverbrauch, der ohnehin selten gemessen wird und in der Energiediskussion eine untergeordnete Rolle spielt, wird nicht thematisiert.

Die größten Stromeinsparungen lassen sich zweifellos im Zuge von Sanierungs- und Erweiterungsmaßnahmen erreichen, etwa durch die Bevorzugung energiearmer Verfahren, die Installation von Flächenbelüftungssystemen in Belebungsanlagen, die geschickte Detailgestaltung und ggf. Nachbesserung der abwassertechnischen Einrichtungen, aber auch durch die sorgfältige Auslegung von Maschinen und Motoren.

Auf den zahlreichen Kläranlagen, die in den letzten Jahren nach dem Stand der Technik ausgebaut und modernisiert wurden, sind die planerischen Möglichkeiten jedoch weitgehend ausgeschöpft und damit keine großen „Verbrauchssprünge" nach unten mehr möglich. Hier ist das verbliebene Einsparpotenzial vor allem im Betrieb zu suchen und zu nutzen. Dies wiederum bedeutet eine neue Herausforderung für das Klärwerkspersonal, dem nun auch energiebewusstes Handeln abverlangt wird.

Die betrieblichen Möglichkeiten, Strom einzusparen, reichen von veränderten Prozesseinstellungen über den Einbau und die Optimierung einfacher Steuerungen oder Regler bis zum Tausch defekter Maschinen bzw. Antriebe gegen neue Aggregate mit höherem Wirkungsgrad.

Durch die ausführlichen Anleitungen, Erläuterungen und Hintergrundinformationen, die in diesem Leitfaden gegeben werden, soll jeder Betriebsleiter in die Lage versetzt werden, schrittweise und systematisch

➡ den Gesamtstromverbrauch seiner Anlage zu bewerten und das theoretische Einsparpotenzial insgesamt grob abzuschätzen,

➡ die energetischen Schwachstellen im Betrieb durch vergleichende Betrachtungen bzw. durch einfache Kontrollen und Messungen aufzuspüren sowie

➡ die erkannten Schwachstellen mit den dazu vorgeschlagenen Mitteln soweit möglich selbst zu beheben oder aber die erforderlichen Maßnahmen dem Dienstvorgesetzten gegenüber sachlich zu begründen, damit diese möglichst zügig in die Wege geleitet werden.

Auf die Grenzen der Einflussnahme durch das Betriebspersonal wird ebenso hingewiesen, wie auf die Erfordernisse und Möglichkeiten einer energiebewussten Planung und Detailgestaltung abwassertechnischer Einrichtungen. Außerdem wird das Thema Energiemanagementsysteme in kurzer Form angesprochen.

Fragen der Eigenstromerzeugung (Blockheizkraftwerke, Co-Vergärung) wie auch der Gestaltung von Stromlieferverträgen werden in diesem Leitfaden dagegen nicht behandelt.

2 Bewertung des Gesamtstrom-verbrauchs einer Kläranlage

2.1   Definition der Bezugsgrößen

Zur Bewertung und zum Vergleich des Gesamtstromverbrauchs von Kläranlagen untereinander ist der EW-spezifische Stromverbrauch in Kilowattstunden pro angeschlossenen Einwohnerwert (EW) und Jahr am besten geeignet. Diese Kenngröße, auf die sich auch die folgenden Betrachtungen konzentrieren, wird wie folgt ermittelt:

EW-spezifischer Stromverbrauch in kWh/(EW · a) =

$$\frac{\text{Jahresstromverbrauch in kWh/a}}{\text{Zahl der angeschlossenen EW}}$$

Betrachtungszeitraum ist jeweils ein Kalenderjahr, das heißt, die zur Berechnung des spezifischen Stromverbrauches benötigten Werte lassen sich unmittelbar den Jahresberichten entnehmen.

Bei Anlagen mit Blockheizkraftwerk ist für den Jahresstromverbrauch die Summe aus der vom EVU bezogenen Strommenge und der eigen erzeugten Strommenge einzusetzen. Wird eigen erzeugter Strom ins Netz eingespeist, ist dieser entsprechend abzuziehen.

Die Zahl der angeschlossenen Einwohnerwerte wird anhand der mittleren BSB_5-Tagesfracht im Zulauf (= Rohabwasser) und der Bezugsgröße 60 g BSB_5 pro Einwohner und Tag errechnet:

angeschlossene EW =

$$\frac{\text{mittlere } BSB_5\text{-Tagesfracht im Rohabwasser in kg } BSB_5/d}{0,06 \text{ kg } BSB_5/(EW \cdot d)}$$

Wird der BSB_5 im Rohabwasser nicht oder nicht regelmäßig gemessen, kann die Zahl der angeschlossenen EW auf gleiche Weise mit Hilfe des CSB berechnet werden. Die mittlere CSB-Tagesfracht im Rohabwasser ist wiederum den Betriebsunterlagen (Jahresbericht) zu entnehmen. Die einwohnerspezifische CSB-Tagesfracht ist mit 0,12 kg/(EW · d) anzusetzen.

Beispiel

Daten aus dem Jahresbericht:

mittlere BSB_5-Tagesfracht im Rohabwasser: 1.172 kg/d

Strombezug: 440.985 kWh/a

Eigenstromerzeugung: 207.522 kWh/a, keine Abgabe ins Netz

⇨ angeschlossene EW: 1.172/0,06 = 19.533 EW

⇨ Jahresstromverbrauch: 440.985 + 207.522 = 648.507 kWh

⇨ EW-spezifischer Stromverbrauch = 48.507/19.533 = 33,2 kWh/(EW · a)

Hinweis:

Mit welcher Genauigkeit die Zahl der angeschlossenen EW ermittelt wird, hängt von der Art der Zulaufproben (Stichproben oder 24-h-Mischproben), von der Häufigkeit der Eigenkontrolluntersuchungen sowie von der Art der Bestimmung der maßgebenden BSB_5- bzw. CSB-Tagesfracht ab.

Die mittlere Tagesfracht wird häufig auf einfache Weise durch Multiplikation des Jahresmittelwerts für den BSB_5 bzw. CSB im Zulauf mit der mittleren täglichen Abwassermenge (Jahresabwassermenge : 365) ermittelt. Diese Methode ist fehlerbehaftet. Im Sinne einer höheren Genauigkeit wird empfohlen, die BSB_5- bzw. CSB-Fracht für jeden Untersuchungstag direkt zu ermitteln und daraus den arithmetischen Mittelwert für das Kalenderjahr zu berechnen.

EW-Werte auf der Basis von Stichproben bzw. einer geringen Wertezahl (z.B. bei nur monatlicher Untersuchung des Zulaufs) sind stets angreifbar. Vor allem im Sinne von mehr Transparenz, was Zulaufbeschaffenheit und Belastung anbelangt, sollten grundsätzlich auch auf kleineren Kläranlagen automatische Probenehmer im Zulauf installiert und die Untersuchungen wöchentlich an 24-h-Mischproben durchgeführt werden.

2.2 Orientierungswerte für den Gesamtstromverbrauch

In den Tabellen 2 und 3 sind Orientierungswerte für den EW-spezifischen Stromverbrauch in Form von Toleranz- und Zielwerten zusammengestellt. Dabei wird nach der Ausbaugröße und dem biologischen Reinigungsverfahren unterschieden.

Die Einteilung der Größenklassen (GK) nach Tabelle 1 entspricht der im Anhang zur Abwasserverordnung (EW = Ausbau-EW):

Tabelle 1:
Einteilung in Größenklassen

GK 1	< 1.000 EW	< 60 kg BSB_5/d
GK 2	1.000 – 5.000 EW	60 – 300 kg BSB_5/d
GK 3	5.001 – 10.000 EW	> 300 – 600 kg BSB_5/d
GK 4	10.001 – 100.000 EW	> 600 – 6.000 kg BSB_5/d
GK 5	> 100.000 EW	> 6.000 kg BSB_5/d

Die biologischen Grundverfahren sind wie folgt abgekürzt:

Ab	belüftete Abwasserteiche
RTK	Rotationstauchkörper
T	Tropfkörper
Bs	Belebungsanlagen mit gleichzeitiger aerober Schlammstabilisierung
B	Belebungsanlagen mit getrennter Schlammstabilisierung.
B+T	zweistufige biologische Anlagen in der Kombination „Belebung – Tropfkörper" oder umgekehrt

SBR-Anlagen sind dabei je nach Anlagentyp (mit oder ohne getrennte Schlammstabilisierung) dem Grundverfahren Bs oder B zuzuordnen.

Aus den Tabellen 2 und 3 ist abzulesen, dass der spezifische Stromverbrauch vor allem in den unteren Größenklassen stark durch das biologische Grundverfahren beeinflusst wird.

Die beiden Tabellen gehen auf eine Studie der Landesanstalt für Umweltschutz Baden-Württemberg zum Stromverbrauch auf kommunalen Kläranlagen [1] zurück. Die Werte für Belebungsanlagen (B und Bs) wurden aktualisiert und berücksichtigen sowohl die Erkenntnisse einer neueren Studie des Umweltbundesamtes [2] als auch die Ergebnisse der Stromverbrauchserhebung im Rahmen des kommunalen Leistungsvergleichs 2007 in Baden-Württemberg [3].

Tabelle 2:
Toleranzwerte für den spezifischen Stromverbrauch in kWh/(EW · a) in Abhängigkeit von Ausbaugröße und biologischem Grundverfahren

Grundverfahren	GK 1	GK 2	GK 3	GK 4	GK 5
Ab	50	40	35	-	-
RTK	34	23	18	-	-
T	32	25	20	25	25
Bs	70	45	38	34	-
B	60	40	34	30	27
BT	-	-	-	30	26

▓ Reinigungsziel Nitrifikation   ▢ Reinigungsziel Stickstoffelimination

Tabelle 3:
Zielwerte für den spezifischen Stromverbrauch in kWh/(EW · a) in Abhängigkeit von Ausbaugröße und biologischem Grundverfahren

Grundverfahren	GK 1	GK 2	GK 3	GK 4	GK 5
Ab	32	30	25	-	-
RTK	23	18	15	-	-
T	20	17	15	18	18
Bs	38	28	23	20	-
B	32	24	20	18	18
BT	-	-	-	18	18

▓ Reinigungsziel Nitrifikation   ▢ Reinigungsziel Stickstoffelimination

Die **Toleranzwerte** können als mittlere Verbrauchswerte aller Anlagen in den jeweiligen Gruppen betrachtet werden.

Bei den **Zielwerten** handelt es sich nicht um theoretische Bestwerte, sondern um Verbrauchswerte, die schon heute auf etwa 10 % der Anlagen unterschritten werden. Angesichts oft schwieriger Randbedingungen wird es allerdings nicht möglich sein, die Zielwerte auf allen bestehenden Kläranlagen mit wirtschaftlich vertretbarem Aufwand zu erreichen.

Über den Vergleich des nach 2.1 ermittelten Ist-Wertes mit den entsprechenden Tabellenangaben kann der Betriebsleiter den Gesamtstromverbrauch seiner Anlage auf einfache Weise bewerten.

Liegt der spezifische Verbrauchswert einer Kläranlage **über dem** betreffenden **Toleranzwert**, kann von einem mittleren bis hohen Einsparpotenzial ausgegangen werden, das sich über den Vergleich mit dem zugehörigen Zielwert grob abschätzen lässt. In einem solchen Fall besteht dringender Handlungsbedarf.

Bewegt sich dagegen der tatsächliche Verbrauchswert **im Bereich des Zielwerts**, ist das noch vorhandene Einsparpotenzial eher gering.

Zu den Tabellenwerten ist einschränkend anzumerken, dass diese zwar auch den Stromverbrauch von Einlauf- und Zwischenhebewerken beinhalten, allerdings nur soweit deren Förderhöhen 3 m nicht überschreiten. Nicht berücksichtigt ist der **Verbrauch zusätzlicher Verfahrensschritte,** die weniger verbreitet sind, wie zum Beispiel die

- Abwasserfiltration,

- Abwasserdesinfektion,

- Schlammdesintegration und

- Schlammtrocknung oder auch

- Abluftbehandlung.

Zum spezifischen Stromverbrauch von Pumpwerken sowie verschiedenen Sonderverfahren und damit zu deren möglichen Anteilen am Gesamtstromverbrauch wird auf ⇨Kapitel 3 verwiesen. Die dort aufgeführten spezifischen Orientierungswerte erlauben es, den Ist-Aufwand direkt zu beurteilen, vorausgesetzt der Stromverbrauch bzw. die Leistungsaufnahme der betreffenden Verbrauchsstellen wird separat ermittelt.

Ansonsten kann der zusätzliche Energiebedarf von Abwasserpumpen mit größeren Förderhöhen bzw. der nicht zum „Standard" gehörenden Verfahrensstufen durch entsprechende Zuschläge bei den Zielwerten für den Gesamtstromverbrauch berücksichtigt werden.

Die Handhabung der Orientierungswerte soll anhand von zwei Beispielen erläutert werden:

Beispiel 1
Belebungsanlage mit Nitrifikation und Denitrifikation

- Ausbau-EW: 110.000 (⇨ GK 5), angeschlossene EW im Jahresmittel: 79.200, Jahresstromverbrauch gesamte Anlage: 2.542.320 kWh

- EW- spezifischer Stromverbrauch:
  2.542.320 kWh/a / 79.200 EW = $\quad$ 32,1 kWh/(EW · a)

- Toleranzwert aus Tabelle 2
  (Grundverfahren B, GK 5): $\quad$ 27 kWh/(EW · a)

- Zielwert aus Tabelle 3 (Grundverfahren B, GK 5): $\quad$ 18 kWh/(EW · a)

- Bewertung: Da der EW-spezifische Stromverbrauch deutlich über dem Toleranzwert liegt, ist eine nähere Betrachtung des Verbraucherspektrums angezeigt (z.B. mittels einer professionellen Schwachstellenanalyse nach [3]).

- Theoretisches Einsparpotenzial bezogen auf den Zielwert (örtliche Besonderheiten nicht berücksichtigt):
  (32,1 – 18,0) kWh/(EW · a) · 79.200 EW = 1.116.720 kWh/a

Beispiel 2

Belebungsanlage mit gleichzeitiger aerober Schlammstabilisierung, intermittierende Denitrifikation

- Ausbau-EW: 4.600 (⇨ GK 2), angeschlossene EW im Jahresmittel: 2.570, Jahresstromverbrauch gesamte Anlage: 73.458 kWh

- EW- spezifischer Stromverbrauch:
  73.458 kWh/a / 2.570 EW = $28,6$ kWh/(EW · a)

- Toleranzwert aus Tabelle 2
  (Grundverfahren Bs, GK 2): 45 kWh/(EW · a)

- Zielwert aus Tabelle 3 (Grundverfahren Bs, GK 2): 28 kWh/(EW · a)

- Bewertung: Trotz der geringen Auslastung liegt der Betriebswert deutlich unter dem Toleranzwert. Das theoretische Einsparpotenzial bezogen auf den Zielwert ist mit $(28,6 - 28) \cdot 2570 = 1.542$ kWh/a sehr gering. Weitere Einsparmöglichkeiten sind vom Betriebspersonal zu prüfen, eine Energieanalyse durch Dritte wird sich vermutlich jedoch nicht lohnen.

Anmerkungen:

Die relativ geringe Zahl von Kläranlagen, auf denen Gebläse oder Pumpen durch Gasmotoren direkt angetrieben werden, lässt sich nach dem vorgestellten Muster nicht bewerten, da der Energieverbrauch der Maschinen nicht gemessen wird und daher in den spezifischen Stromverbrauch nicht mit eingeht. Bei üblichen Wirkungsgraden von Gasmotoren muss der gemessene Stromverbrauch rechnerisch um ca. 2 kWh/m³ Faulgas erhöht werden, um vergleichbare Werte zu erhalten. Eine direkte Bewertung ist auch bei Belebungsanlagen, auf denen mit Reinsauerstoff belüftet wird, nicht möglich. Faustwerte zur Korrektur können hier nicht angegeben werden.

Auf Kläranlagen, die in größerem Umfang Fremdschlämme mit ausfaulen, kann ein erhöhter Faulgasanfall erzielt werden, der einen positiven Einfluss auf die Eigenstromerzeugung hat, der Strombedarf insgesamt wird faktisch aber nicht beeinflusst. Werden auf der Kläranlage angenommen Filtratwässer aus externen Schlammentwässerungen oder Deponiesickerwässer durch die Probenahme im Zulauf nicht mit erfasst, ist deren organische Fracht separat zu ermitteln und als zusätzliche Belastung bei der Berechnung der angeschlossenen EW mit zu berücksichtigen.

3 Orientierungswerte für den Strom-bedarf einzelner Verbrauchsstellen

3.1   Vorbemerkungen

Etwa 95 % des gesamten Stromverbrauchs auf Kläranlagen entfallen auf die elektrischen Antriebe von Luftverdichtern oder Oberflächenbelüftern, Pumpen, Rührwerken, Räumeinrichtungen, Fördereinrichtungen und Entwässerungsaggregaten. Der Rest verteilt sich auf die Mess-, Steuer- Regel- und Nachrichtentechnik, auf elektrische Heizgeräte sowie auf die Innen- und Außenbeleuchtung.

Abb. 1 gibt einen ersten Überblick über den Anteil der einzelnen Verfahrensstufen am Gesamtstromverbrauch konventioneller Kläranlagen. Einlauf- bzw. Zwischenhebewerke sind darin nicht berücksichtigt.

Um energetischen Schwachstellen auf die Spur zu kommen, sind das Stromverbraucherspektrum aufzuschlüsseln und die relevanten Stromverbraucher näher zu betrachten.

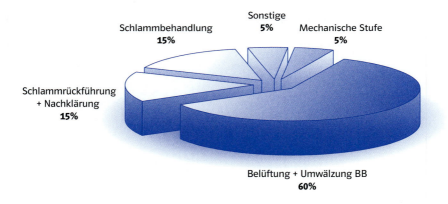

Abb. 1:
Typische Aufteilung des Stromverbrauchs auf Verfahrensstufen (ohne Einlaufhebewerk)

Im Folgenden werden analog zum Gesamtstromverbrauch in ⇨ Kapitel 2 spezifische Toleranz- und Zielwerte für einzelne Verbrauchsstellen angegeben, an denen die IST-Werte gemessen und so Defizite aufgedeckt werden können.

Die Ermittlung der IST-Werte ist sehr einfach, wenn den jeweiligen Verbrauchsstellen eigene Stromzähler zugeordnet sind. Andernfalls kann der IST-Verbrauch auch indirekt bestimmt werden (siehe dazu die Ausführungen in ⇨ Kapitel 3 und ⇨ Kapitel 4).

Die vorgestellten Orientierungswerte stammen aus verschiedenen Quellen. Der Großteil wurde mangels neuerer Daten direkt aus [1] übernommen. Die restlichen Werte fassen die Ergebnisse bzw. Empfehlungen verschiedener Studien [2, 4, 5, 6, 7, 8] zusammen.

3.2   Mittlere Verbrauchswerte

In den Abbildungen 2 und 3 sind mittlere Verbrauchswerte der zur Standardkläranlage zählenden Verbrauchsstellen auf

- Belebungsanlagen mit getrennter Schlammbehandlung in den Größenklassen 4 und 5 (Stickstoffelimination durch vorgeschaltete Denitrifikation) sowie auf

- Belebungsanlagen mit gleichzeitiger aerober Schlammstabilisierung und intermittierender Denitrifikation in den Größenklassen 2 und 3

dargestellt. Auch hier dient der EW-spezifische Stromverbrauch in kWh/(EW · a) als Vergleichsgröße.

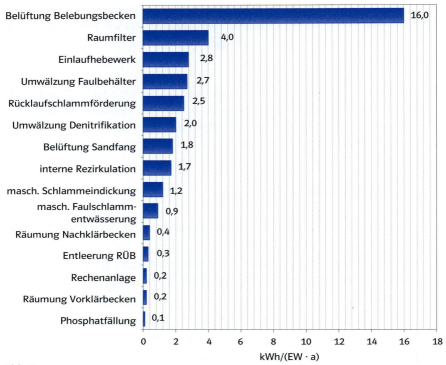

Abb. 2:
Mittlere Verbrauchswerte einzelner Stromverbrauchsstellen auf Belebungsanlagen der GK 4 und 5

Die relative Bedeutung der betrachteten Stellen und damit indirekt auch deren Einfluss auf den Gesamtstromverbrauch kann an ihrem Platz in der absteigenden Reihe abgelesen werden:

Am meisten Strom wird bei beiden Anlagentypen für die Belüftung des Belebungsbeckens benötigt. Alle anderen Verbrauchsstellen folgen mit großem Abstand. Dies gilt auch für die verschiedenen Pumpwerke. Als Einzelverbraucher stehen diese zwar meist nicht im Vordergrund, alle Pumpen eines Klärwerks zusammen genommen können jedoch bis zu 50 % des gesamten Stroms verbrauchen.

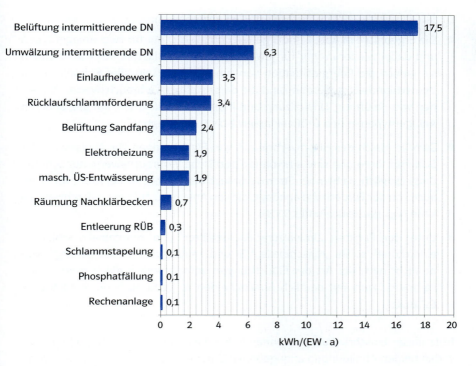

Abb. 3:
Mittlere Verbrauchswerte einzelner Stromverbrauchsstellen auf Stabilisierungsanlagen der GK 2 und 3

Auf der anderen Seite fällt der Stromverbrauch für Innen- und Außenbeleuchtung, für Laborgeräte und Werkstattmaschinen bei bedarfsgerechter Nutzung praktisch nicht ins Gewicht. Im Mittel liegen die spezifischen Verbrauchswerte jeweils unter 0,1 kWh/(EW · a). Entsprechendes gilt zum Beispiel auch für die Räumung des Sandfangs oder die statische Voreindickung.

Zu den vorgestellten Verbrauchswerten ist anzumerken:

■ Die Ergebnisse in Abb. 2 und 3 gelten unmittelbar nur für zwei Anlagentypen und dabei wiederum nur für jeweils zwei Größenklassen. Insgesamt bilden sie jedoch die Energiesituation von rund drei Vierteln aller Kläranlagen in Deutschland ab. Außerdem sind die dargestellten Verbrauchswerte, abgesehen von Belüftung, Umwälzung und interner Rezirkulation, auf alle anderen Anlagentypen in den Größenklassen 2 bis 5 übertragbar.

■ Zum Vergleich des Stromverbrauchs von Einrichtungen zur Abwasser- oder Schlammförderung sind einwohnerspezifische Verbrauchswerte nur sehr bedingt tauglich, da hier der Stromverbrauch neben dem Förderstrom vor allem auch von der Förderhöhe abhängt, die von Anlage zu Anlage stark schwanken kann (vgl. dazu auch unter 3.3.3).

■ Unter den Punkten „Umwälzung Faulbehälter" und „maschinelle Schlammeindickung" sowie „maschinelle ÜS- und Faulschlammentwässerung" wurde nicht nach der Art der Einrichtungen unterschieden, die sich im Stromverbrauch zum Teil deutlich unterscheiden (s. dazu auch unter 6.2.5 bzw. 6.2.10.8).

Trotz dieser Einschränkungen können – vom Einlaufhebewerk abgesehen – die in den beiden Abbildungen angegebenen Durchschnittswerte als Toleranzwerte verstanden werden.

Für das Einlaufhebewerk, das vom Betriebspersonal gerne für einen überhöhten Gesamtstromverbrauch verantwortlich gemacht wird, kann in den Größenklassen 4 und 5 als Toleranzwert ein EW-spezifischer Stromverbrauch von 0,6 kWh/(EW · a) pro Meter Förderhöhe angesetzt werden, in den Größenklassen 1 bis 3 ein solcher von 0,75 kWh/(EW · a). Bei einer Förderhöhe von 5 Metern zum Beispiel sollte der spezifische Verbrauch also nicht mehr als 3,0 bzw. 3,8 kWh/(EW · a) betragen.

Für Zwischenhebewerke nach der mechanischen Stufe gelten die gleichen Werte.

Die Toleranzwerte sind analog ⇨Kapitel 2.2 anzuwenden: Liegt der tatsächliche Verbrauchswert im Bereich des Toleranzwertes oder darüber, ist zumindest bei den Verbrauchsstellen in der jeweils oberen Hälfte der Prioritätenliste gemäß Abb. 2 und 3 eine nähere Untersuchung dringend angeraten. Diese soll vor allem Aufschluss darüber geben, ob örtliche Besonderheiten für den erhöhten Verbrauch verantwortlich gemacht werden können, bzw. inwieweit eine Verbrauchssenkung durch betriebliche Eingriffe möglich ist oder aber planerische Maßnahmen erfordert.

3.3   Zielwerte

3.3.1 Vorbemerkung

Zielwerte werden im Folgenden nur für die wichtigsten Anlagenteile im üblichen Verfahrensschema sowie für zusätzliche Verfahrensschritte angegeben, die zwangsläufig zu einer signifikanten Erhöhung des Gesamtstromverbrauchs führen.

3.3.2 Belüftung

Auf einstufigen Belebungsanlagen mit weitgehender Nitrifikation/Denitrifikation und getrennter Schlammbehandlung können mit einer effektiven Druckbelüftung (Flächenbelüftung), einem sorgfältig geregelten Lufteintrag und einer eben solchen Wartung des gesamten Belüftungssystems folgende Zielwerte erreicht bzw. unterschritten werden:

Tabelle 4:
Zielwerte für die Druckluftbelüftung

in GK 3	12 kWh/(EW · a)
in GK 4	10 kWh/(EW · a)
in GK 5	10 kWh/(EW · a)

Für Stabilisierungsanlagen mit intermittierender Denitrifikation können für Belüftung und Umwälzung zusammen genommen folgende Zielwerte angegeben werden:

Tabelle 5:
Zielwerte für Belüftung und Umwälzung

in GK 2	20 kWh/(EW · a)
In GK 3	17 kWh/(EW · a)
In GK 4	15 kWh/(EW · a)

3.3.3 Rührwerke

Der Stromverbrauch von Rührwerken im Denitrifikations- bzw. Anaerobteil von Belebungsanlagen lässt sich am Besten anhand der Leistungsdichte W_R in Watt pro m^3 Beckenvolumen vergleichen und bewerten:

$$\text{Leistungsdichte } W_R \text{ in W/m}^3 = \frac{1000 \cdot \Sigma P_W}{V}$$

mit ΣP_W Leistungsaufnahme der Rührwerksmotoren insgesamt in kW (Wirkleistungsermittlung siehe ⇨ Kapitel 4)

       V umgewälztes Beckenvolumen in m^3

Zielwerte für die Leistungsdichte W_R sind in Tabelle 6 angegeben.

Tabelle 6:
Zielwerte für die Leistungsdichte von Rührwerken

Beckenvolumen > 2.000 m^3	1,5 W/m^3
Beckenvolumen > 1.000 m^3 - 2.000 m^3	2 – 1,5 W/m^3
Beckenvolumen ≥ 500 m^3 - 1.000 m^3	2,5 – 2 W/m^3
Beckenvolumen ≥ 200 m^3 - 500 m^3	4 – 2,5 W/m^3

3.3.4   Pumpwerke

Um den Stromverbrauch von Abwasser- und Schlammpumpen zuverlässig beurteilen zu können, ist es notwendig, entweder deren prozentualen Wirkungsgrad direkt oder aber den spezifischen Stromverbrauch für die Anhebung von 1 m³ Flüssigkeit um 1 Meter zu bestimmen. Dies kann wie folgt geschehen:

a) Direkte Ermittlung des Gesamtwirkungsgrades η_{ges} in %:

$$\eta_{ges} = \frac{\rho \cdot Q \cdot H}{3,67 \cdot P_W}$$

mit: η_{ges} Gesamtwirkungsgrad von Pumpe + Motor + Regeleinrichtung ($\eta_{ges} = \eta_P \cdot \eta_M \cdot \eta_R$) in %

ρ Dichte des Fördermediums in kg/L (Abwasser und belebter Schlamm: ρ = 1,0; Frisch- und Faulschlamm: ρ = 1,02)

Q Förderstrom in m³/h, gemessen mittels Durchflussmesseinrichtung

H Förderhöhe in m WS

P_W Leistungsaufnahme des Pumpenmotors in kW, direkt gemessen mittels Leistungsmesszange oder überschlägig berechnet (⇨Kapitel 4)

Bezüglich der Förderhöhe H ist zu unterscheiden zwischen Schneckentrogpumpen, die das Abwasser drucklos anheben und Pumpen, die in eine Druckleitung fördern. Es gilt:

bei Schneckenpumpen $H = H_{geod}$
bei Kreiselpumpen $H = H_{man} = H_{geod} + H_V$

mit: H_{geod} Höhendifferenz zwischen Unter- und Oberwasserspiegel in m (aus den Planunterlagen oder mittels direkter Messung), bei Schneckentrogpumpen beachten: Oberwasserspiegel = Überfallhöhe am oberen Ende der Schnecke, nicht Wasserspiegel im weiter führenden Gerinne!

H_{man} manometrische Förderhöhe in m, abzulesen am Manometer auf der Pumpendruckseite (⇨Kapitel 6.3)

H_V Reibungsverluste in Leitung, Formstücken, Armaturen, Messeinrichtungen etc. in m

Bei wechselnden Förderströmen bzw. Förderhöhen ist der mittlere Wirkungsgrad zu bestimmen. Dies erfordert wiederholte Ablesungen und Berechnungen über einen repräsentativen Zeitraum.

b) Berechnung des spezifischen Stromverbrauchs spez. SV_P in $Wh/(m^3 \cdot m)$

$$\text{spez. } SV_P = \frac{1000 \cdot SV_P}{Q \cdot H}$$

mit: SV_P Stromverbrauch der Pumpe im betrachten Zeitraum in kWh
(Differenz Zählerablesungen)

Q   Fördermenge im betrachteten Zeitraum in m³

H   geodätische Förderhöhe bei Schneckentrogpumpen bzw.
manometrische Förderhöhe bei Druckpumpen (s. unter a),
jeweils in m.

Sofern sich der Förderstrom im betrachteten Zeitraum
ändert, ist die mittlere Förderhöhe zu bestimmen und in die
Gleichung einzusetzen.

Zwischen dem Wirkungsgrad und dem spezifischen Stromverbrauch besteht folgender Zusammenhang:

$$\eta_{ges} = \frac{270}{spez.\ SV_P}$$

Beispiel
Wirkungsgradberechnung im Falle obiger Trockenwetterschnecke:

⇨ η_{ges} = 270 : 7,0 = 38,6 %

In Tabelle 7 sind Zielwerte für den Wirkungsgrad und den spezifischen Stromverbrauch verschiedener Pumpen mit unterschiedlichen Förderaufgaben aufgeführt, an denen die im Betrieb ermittelten Werte zu messen sind. Die oberen Bereichsangaben gelten für größere Pumpen (ab etwa 100 L/s, bei Exzenterschneckenpumpen ab etwa 25 L/s), die unteren für kleinere Pumpen (10 L/s bzw. 3 L/s).

Bei den Tabellenangaben zum Wirkungsgrad ist zu beachten, dass diese sich jeweils auf den Gesamtwirkungsgrad beziehen, in den die Verluste von Motor, Getriebe und Regelung mit eingerechnet sind. Daher liegen die Zielwerte mehr oder weniger deutlich unter den Angaben für die Pumpenwirkungsgrade, mit denen die Hersteller für ihre Pumpen werben.

Tabelle 7:
Zielwerte für den mittleren Gesamtwirkungsgrad und den spezifischen Stromverbrauch von Pumpen auf Kläranlagen

Pumpenart	Fördermedium	Laufrad	Wirkungs-grad η_{ges} in %	spez. Stromver-brauch in Wh/(m³ · m)
Schnecken-trogpumpe	Rohabwasser		50 – 60	5,4 – 4,5
	Rücklaufschlamm, interner Kreislauf, Ablauf (Filter-beschickung)		60 – 70	4,7 – 3,9
Kreiselpumpe	Rohabwasser	Wirbelrad	45 – 55	6,0 – 4,9
		Einkanalrad	50 – 60	5,4 – 4,7
	Rücklaufschlamm, interner Kreislauf, Ablauf (Filter-beschickung)	Mehr-kanalrad	65 – 75	4,2 – 3,6
		Spiralrad	65 – 75	4,2 – 3,6
Propeller-pumpe	Interner Kreislauf		65 – 80	4,2 – 3,4
Exzenter-schnecken-pumpe	Schlämme		50 – 65	5,4 – 4,2

3.3.5 Sonstige

Für einige Verfahren, die bisher nur auf einer begrenzten Zahl von Kläranlagen zum Einsatz kamen, zu denen aber repräsentative Stromverbrauchsdaten vorliegen, wurden die in Tabelle 8 angegebenen Zielwerte formuliert [2, 4]. Die unterschiedlichen Bezugsgrößen sind zu beachten.

Tabelle 8:
Zielwerte für weitere Verfahrensstufen

Verfahrensschritt	Zielwert	Einheit
Raumfiltration	2,0	$kWh/(EW \cdot a)$
	25	Wh/m^3 Abwasser
Abwasserdesinfektion durch UV-Bestrahlung	25	Wh/m^3 Abwasser
Schlammtrocknung	2,5	$kWh/(EW \cdot a)$
Abluftbehandlung mittels Biofilter	2,0	Wh/m^3 Luft

Die Nutzung des Zielwertes für die Abluftbehandlung setzt die Kenntnis der behandelten Luftmengen voraus. Falls keine Durchflussmesseinrichtung vorhanden ist, aber der Druck gemessen wird, kann hilfsweise auf die Gebläsekennlinien zurückgegriffen werden (notfalls beim Hersteller anfordern).

4 Möglichkeiten zur Erfassung des Stromverbrauchs einzelner Antriebe

Um den Stromverbrauch einer bestimmten Verbrauchsstelle bewerten zu können, muss dieser über einen repräsentativen Zeitraum separat erfasst werden. Nachdem kleinere Kläranlagen üblicherweise nur über einen Hauptzähler verfügen und auch auf größeren Anlagen meist nur einzelne Gruppenzähler zusätzlich installiert sind, müssen dazu weitere Messungen und Berechnungen durchgeführt werden.

Bezüglich der Gruppenzähler ist darauf hinzuweisen, dass die Zuordnung von Aggregaten zu bestimmten Gruppen nicht allgemein definiert ist.

Tabelle 9:
Hinweise zur Zuordnung von Verbrauchern zu Verbrauchergruppen

Gruppe	übliche Aggregatzuordnung	oft unklare Zuordnung
Mechanische Stufe	Rechenanlage (mit Presse und Wäsche), Sandfang (Räumer, Sandabzug, Klassierer, Wäscher), Vorklärung (Räumer, Primärschlammpumpen)	RÜB auf der Kläranlage
Biologie	Belüftung (bevorzugt als separate Gruppe erfassen), Rührwerke, interne Rezirkulationspumpen, Rücklaufschlammpumpen, Überschussschlammpumpen	RLS- und ÜS-Pumpen
Nachklärung	Räumer, Schwimmschlammpumpwerk	RLS- und ÜS-Pumpen, Hochwasserpumpwerke
Schlammbehandlung	Eindickung (Krählwerk, maschinelle Vorentwässerung), Schlammpumpen (ohne PS- und ÜS-Pumpen), Faulung, Entwässerung, Filtratwasserpumpen	
Mobile Schlammentwässerung	mobile Schlammentwässerung	
Betriebsgebäude	Licht, sonstiger Verbraucher (Labor)	
Hebewerke im Hauptstrom	Hebewerk	
Filtration	alle Verbraucher (ohne Hebewerk)	

Bei einem direkten Vergleich des Strombedarfes einzelner Gruppen mit anderen Kläranlagen ist dies unbedingt zu beachten. Tabelle 9 gibt einen Anhalt, welche Aggregate üblicherweise welchen Gruppen zugeordnet sind.

Pumpwerke zur Abwasserhebung im Hauptstrom sollten immer separat erfasst werden, d.h. einen eigenen Zähler erhalten.

Grundsätzlich kann auf folgende Methoden zurückgegriffen werden, die unterschiedliche Anforderungen an den Überprüfenden und die benötigten Hilfsmittel stellen und sich auch hinsichtlich der Genauigkeit der Ergebnisse unterscheiden:

➡ **Direkte Messung des Stromverbrauchs** einzelner Antriebe oder Verbrauchergruppen mittels eines vorübergehend installierten Drehstromzählers. Die Messung ist über einen repräsentativen Zeitraum durchzuführen. Alternativ kann ein elektronischer Zähler eingesetzt werden, der neben dem Verbrauch auch die Leistung und den cos φ misst sowie deren Maximal- bzw. Minimalwerte anzeigt.

Mit Blick auf die notwendige Dauerüberwachung zumindest der Hauptstromverbraucher (nach Abb. 2 und 3) empfiehlt sich bei diesen jedoch der stationäre Einbau eigener Stromzähler (auf Anlagen mit Prozessleitsystemen Zähler mit Impulsausgang).

➡ **Kurzzeitmessung der elektrischen Leistungsaufnahme** P_W einzelner Drehstromantriebe mittels Leistungsmesszange. Maßgebend ist die Wirkleistung in kW. Der Stromverbrauch W in kWh/a errechnet sich aus:

$$W = P_W \cdot t_B$$

Darin ist für t_B die Zahl der Betriebsstunden im Jahr einzusetzen. Bei vorhandenem Betriebsstundenzähler ist diese den zugehörigen Aufzeichnungen zu entnehmen bzw. anhand gezielter Ablesungen zu ermitteln, ansonsten ist sie zu schätzen.

Relativ genaue Verbrauchswerte ergeben sich bei Antrieben mit konstanter Drehzahl bzw. bei Antrieben mit abgestufter Drehzahl (etwa bei polumschaltbaren Motoren), wenn die jeweiligen Betriebszeiten separat mit erfasst werden.

Bei stufenlos geregelten Antrieben ist die mittlere Leistungsaufnahme zu bestimmen. Dazu sind wiederholte Messungen über einen ausreichend langen Zeitraum und unter angemessener Berücksichtigung des gesamten Belastungsspektrums erforderlich. Besitzt die Leistungsmesszange einen eingebauten Daten-Logger, kann eine größere Zahl von Messwerten über einige Stunden gespeichert werden. Mittels Schnittstellenadapter können die Werte auch auf einen PC übertragen werden.

Abb. 4:
Leistungsmesszange

Eine Leistungsmesszange (mit integriertem Daten-Logger) kostet unter 500 € und kann ggf. durch das Elektrofachpersonal benachbarter Kläranlagen mitgenutzt werden.

Mit Hilfe von Netzanalysatoren lassen sich die Wirkleistung und andere Stromparameter über einen längeren Zeitraum kontinuierlich aufzeichnen. Die Anschaffung entsprechend teurer Geräte lohnt sich jedoch allenfalls bei großen Kläranlagen und auch dort nur zur Analyse von Leistungsspitzen in Zusammenhang mit Überlegungen zum Einsatz elektronischer Lastabwurfsysteme (⇨ Kapitel 8).

➡ **Überschlägige Berechnung des Stromverbrauchs** (elektrische Arbeit) von Drehstrommotoren mit konstanter Drehzahl unter der Voraussetzung, dass die **Stromstärke I** gemessen wird (in der folgenden Gleichung steht [$U \cdot I \cdot \sqrt{3} \cdot \cos\varphi$] dann für die Wirkleistung P_W in kW).

$$W = P_W \cdot t_B = [U \cdot I \cdot \sqrt{3} \cdot \cos\varphi] \cdot t_B$$

mit t_B Zahl der Betriebsstunden (wie oben)

       U Spannung in kV (üblicherweise 400 V = 0,4 kV),

       I Stromstärke in Ampere (A), abgelesen am zugehörigen Amperemeter (5 - 20 % Fehler möglich, Nullstellung kontrollieren!) bzw. gemessen mittels einfacher Stromzange (genauer als Amperemeter)

       $\cos\varphi$ Leistungsfaktor abgelesen vom Typenschild des betreffenden Motors, oder aus Firmenunterlagen ($\cos\varphi$ zwischen etwa 0,6 und 0,9)
                $\cos\varphi$ gibt das Verhältnis der Wirkleistung zur übertragenen Scheinleistung an und ist somit eine Art Ausnutzungsfaktor (φ = Winkel der Phasenverschiebung zwischen Spannung und Strom)

Zu beachten ist, dass obige Gleichung bei einem Betrieb mit Frequenzumrichter (FU) nicht angewendet werden darf, wenn zwischen FU und Antrieb gemessen wird, da die Spannung bei einem FU-Betrieb nicht konstant ist und sehr großen Schwankungen unterliegt. Die Messung muss deshalb hier vor dem Frequenzumrichter erfolgen, FU und Antrieb bilden dann eine „Einheit". Die Leistungsaufnahme des FU wird dann richtigerweise miterfasst.

Einigermaßen genaue Ergebnisse sind nach dieser Methode zudem nur dann zu erwarten, wenn die betreffenden Motoren im Bereich der Nennleistung betrieben werden, auf die sich die Typenschildangabe für cosφ bezieht. Bei Teillastbetrieb weicht der tatsächlich vorhandene Leistungsfaktor mehr oder weniger deutlich vom Nennleistungsfaktor nach unten ab.

Für Antriebe mit abgestufter oder stufenlos geregelter Drehzahl ist die mittlere Stromaufnahme über einen ausreichend langen Zeitraum zu bestimmen. Dies kann durch sorgfältige Beobachtung des Amperemeters bzw. durch regelmäßige Stromzangenmessungen geschehen. Besser ist aber die kontinuierliche Aufzeichnung der Stromaufnahme mittels Daten-Logger oder über das Prozessleitsystem. Eine interne Mittelwertbildung ist dabei Voraussetzung. Mit der gleichen Sorgfalt sind die zugehörigen Betriebsstunden zu ermitteln.

Dabei ist zu beachten, dass ein Frequenzumrichter ebenfalls Verluste verursacht. Je nach Positionierung der Messung sind diese zu beachten. In der Regel liegen sie in einer Größenordnung von 5 % (Schwankungsbreite: 2 – 8 %).

➡ Sind **Gruppenzähler** (etwa für die Biologie) installiert, kann der Stromverbrauch einzelner Aggregate, die geregelt betrieben werden (etwa der Gebläse), auch über die **Differenz** zwischen dem Gesamtverbrauch und der Summe der Verbräuche der anderen Antriebe mit gleich bleibender Leistungs- bzw. Stromaufnahme (etwa Rührwerke und Schlammrückführpumpen) ermittelt werden.

Beispiel

gegeben: Jahresstromverbrauch Biologie (Gebläse, Rücklaufschlammpumpen, Überschussschlammpumpe, Rührwerke) insgesamt: 285.600 kWh/a, 8.600 angeschlossene EW
gesucht: spezifischer Stromverbrauch für Belüftung (Gebläse) in kWh/(EW · a),

bekannt aufgrund von Leistungszangenmessungen und Betriebsstundenaufzeichnungen:

- RLS-Pumpe 1: ganzjährig 3,3 kW,
- RLS-Pumpe 2: 4½ Monate 3,9 kW, 7½ Monate 3,0 kW
- 1 ÜS-Pumpe: 2080 Betriebsstunden/a, 1,1 kW
- 2 Rührwerke à 1,6 kW, ganzjährig

Lösung:

Jahresstromverbrauch Gebläse =

285.600 − [(3,3 kW · 24 h/d · 365 d/a) + (3,9 · 24 · 30 · 4,5) + (3,0 · 24 · 30 · 7,5) + (1,1 · 2.080) + (2 · 1,6 · 24 · 365)] = 197.536 kWh/a

spezifischer Stromverbrauch Gebläse =

197.536 / 8.600 = 23,0 kWh/(EW · a)

Es wird immer wieder darauf hingewiesen, dass bei fehlendem Amperemeter der Stromverbrauch von Drehstrommotoren näherungsweise auch durch Multiplikation der Nennleistung (gemäß Typenschild) mit der Betriebsstundenzahl sowie einem pauschalen Abminderungsfaktor (z.B. 0,8) bei nicht ausgelasteten Motoren bestimmt werden kann. Von dieser Methode wird jedoch abgeraten, da aufgrund von Fehleinschätzungen der tatsächlichen Motorbelastung größere Fehler möglich sind.

➡ Im Übrigen kann der **Stromverbrauch der mit 220/230 V Wechselstrom betriebenen Geräte** sowie der Beleuchtung durch Multiplikation der Leistung mit der Zahl der Betriebsstunden im betrachteten Zeitraum berechnet und ggf. auf das Jahr hochgerechnet werden. Die Leistung kann vom Typenschild des betreffenden Geräts bzw. am Beleuchtungskörper abgelesen oder den Geräteunterlagen entnommen werden.

Dabei ist zu beachten, dass die Angaben meist in Watt gemacht werden, die Berechnung jedoch in Kilowatt erfolgt.

Alternativ dazu bietet sich die direkte Messung mittels eines einfachen Strommessgerätes (für etwa 20 €) an, das zwischen Steckdose und Gerät geschaltet wird.

5 Grenzen der Einflussnahme durch das Betriebspersonal

Auf bestehenden Kläranlagen sind wesentliche Einflussgrößen (Verfahrenskonzept, Bauwerksgrößen, Aggregate und Leitungsführung) für den Energieverbrauch bereits festgelegt. Da dieser bei der Anlagenplanung lange Zeit keine oder eine nur untergeordnete Rolle spielte, brauchen ältere Anlagen tendenziell mehr Strom als neue oder in jüngerer Zeit erweiterte Anlagen.

Nachfolgend sind einige Ursachen für erhöhte Verbrauchswerte aufgeführt, auf die das Betriebspersonal keinen direkten Einfluss hat und die, wenn überhaupt, nicht schnell bzw. nur mit viel Geld behoben werden können:

➡ Erhöhter Aufwand für die Förderung von Abwasser durch

   ■ ungünstige Topographie (tief liegende Sammler, geringes natürliches Gefälle in der Anlage),

   ■ hydraulisch unnötig große Förderhöhen,

   ■ Anordnung von Becken über Grund,

   ■ aufwändiges Anlagenkonzept (auch als Folge mehrerer Erweiterungen unter beengten Platzverhältnissen),

   ■ sehr hohen Fremdwasseranfall.

➡ Erhöhter Aufwand für die Belüftung beim Belebungsverfahren durch

   ■ zusätzliche Frachten an reduziertem Stickstoff infolge industrieller Einleitungen,

   ■ die Annahme von Deponiesickerwasser, Fäkalien etc.,

   ■ hohe Tensidgehalte im Abwasser, die den Sauerstoffübergang von der Gebläseluft in das Abwasser (α-Wert) beeinträchtigen.

➡ Überdimensionierte Anlagen (aufgrund unzutreffender Planungsansätze oder des Wegfalls wichtiger Einleiter) ohne Möglichkeiten zur Anpassung der Volumina von Belebungsbecken, Faulbehältern etc. bei Teilauslastung.

➡ Zusätzliche Verfahrensstufen aufgrund erhöhter Anforderungen an die Abwasserreinigung (Filtration, Desinfektion etc.) oder die Schlammbehandlung (Desintegration, Trocknung), vor allem aber die Wahl der Membranbelebung als biologischem Grundverfahren mit spezifischen Stromverbräuchen von leicht mehr als 120 kWh/(EW · a) bei kleineren Anlagen.

Überdimensionierte und nicht oder nur schlecht regelbare maschinelle Einrichtungen (Pumpen, Verdichter etc.), die unnötig viel Strom verbrauchen, oder veraltete Aggregate mit einem oft sehr schlechten Wirkungsgrad gehören allerdings nicht zu den unvermeidbaren örtlichen Besonderheiten.

6 Maßnahmen zur Senkung des Stromverbrauches im laufenden Betrieb

6.1   Vorbemerkungen

In diesem Kapitel werden konkrete Hinweise und Anleitungen zur Nutzung der vielfältigen Einsparmöglichkeiten im laufenden Betrieb gegeben. Dabei wird unterschieden in

➡ Sofortmaßnahmen, die keine oder nur geringe Kosten verursachen (6.2)

➡ die Ersatzbeschaffung von Pumpen, Gebläsen und Motoren (6.3)

➡ ergänzende Investitionen mit dem vorrangigen Ziel der Stromeinsparung (6.4)

Wesentliche Voraussetzungen für die erfolgreiche Umsetzung der gemachten Vorschläge sind

■ Transparenz bezüglich der Energiesituation auf der Kläranlage durch Auswertung der verfügbaren Betriebsdaten und zusätzlich gewonnener Messwerte,

■ qualifizierte und auch für energetische Fragen aufgeschlossene Betriebsleiter,

■ versierte Elektrofachkräfte mit Detailkenntnis der Anlagenelektrik ,

■ gut ausgerüstete mechanische und elektrische Werkstätten,

■ falls erforderlich die Unterstützung der Unternehmensleitung,

■ ein auch in energetischen Einzelfragen ansprechbares Fachbüro.

Bei allen Bemühungen um eine nachhaltige Senkung des Stromverbrauchs darf das oberste Ziel des Kläranlagenbetriebes, die sichere Einhaltung der wasserrechtlichen Überwachungswerte, nie außer Acht gelassen werden. Der § 7a des Wasserhaushaltsgesetzes fordert auch im Betrieb die Anwendung des „Standes der Technik". Es gilt die Regel:

> **Stromeinsparung nicht um jeden Preis**
> **Prozessstabilität und Betriebssicherheit haben stets Vorrang**

Die Außerbetriebnahme von Anlagenteilen setzt grundsätzlich die vorherige Zustimmung der zuständigen Wasserbehörde voraus.

6.2 Sofortmaßnahmen – Einsparungen ohne bzw. mit nur geringem Mitteleinsatz im laufenden Betrieb

6.2.1 Allgemeines

Da alle Einsparüberlegungen grundsätzlich bei den Hauptstromverbrauchern ansetzen sollten, werden zunächst die wichtigsten Verbrauchsstellen nacheinander entsprechend ihrer Rangordnung in Abb. 2 bzw. 3 für sich betrachtet. Auf energetische Schwachpunkte an anderen Stellen wird anschließend hingewiesen.

Die vorgeschlagenen Maßnahmen erstrecken sich jeweils auf

- einfache betriebliche Umstellungen (in direkter Zuständigkeit des Betriebspersonals) sowie

- den Einbau einfacher Steuerungen oder Regelungen (auf Initiative des Betriebspersonals, Ausführung durch Betriebselektriker oder externen Elektriker ohne/unter Einbeziehung eines Fachingenieurs).

Außerdem werden Hinweise zur sachgemäßen Kontrolle und Wartung maschineller Einrichtungen gegeben, die Voraussetzung dafür sind, dass nicht nur Ausfallzeiten minimiert, sondern auch unnötiger Maschinenverschleiss und damit ein nach und nach ansteigender Stromverbrauch verhindert werden.

Zur besseren Unterscheidung werden folgende Symbole verwendet:

vorbeugende Maßnahmen zur Energieeinsparung

aktive Maßnahmen zur Energieeinsparung

Sofern betriebliche Umstellungen neben dem beabsichtigten Stromspareffekt auch negative Auswirkungen auf einzelne Betriebsabläufe oder das Reinigungsergebnis haben können, werden entsprechende Warnhinweise (⚠ **Vorsicht**) gegeben. Grundsätzlich sind wesentliche betriebliche Eingriffe mit der zuständigen Wasserbehörde abzustimmen.

Die Suche nach energetischen Schwachstellen wie auch die Erfolgskontrolle durchgeführter Maßnahmen erfordern eine gewisse technische Grundausstattung.

Dazu gehören

- Amperemeter und Betriebsstundenzähler zumindest bei allen Motoren mit einer Nennleistung ≥ 2 kW,

- auf Anlagen mit Elektrofachpersonal auch eine Leistungsmesszange (möglichst mit PC-Schnittstelle),

- für die wichtigsten Verbraucher/Verbrauchergruppen (> 10.000 – 20.000 kWh/a je nach Kläranlagengröße) eigene Stromzähler,

- bei Anlagen mit Druckluftbelüftung mindestens eine Druckmessung (Manometer) in der Luftleitung,

- Manometer auf der Druckseite von Pumpen, die in eine Druckleitung fördern und mehr als 50 kWh/d Strom verbrauchen (Einbau noch vor der Rückschlagklappe, auf passenden Messbereich achten [1 bar = 10 m Druckverlust], ebenso auf hohe Messgenauigkeit des Manometers).

Der merkliche Anstieg der Stromaufnahme eines Motors bei sonst unveränderten Betriebsbedingungen bedeutet stets ein Alarmsignal. Um dieses rechtzeitig erkennen zu können, müssen das stationäre Amperemeter und eventuelle Druckmessungen gut kontrolliert werden. Die regelmäßig abgelesenen Werte sind in geeigneter Form aufzuzeichnen.

Zur Minimierung des Stromverbrauchs gehört nicht nur die wiederkehrende Prüfung und Nutzung von Einsparmöglichkeiten, sondern auch die gewissenhafte Instandhaltung der maschinellen Einrichtungen. Diese ist Voraussetzung dafür, dass der einmal verringerte Energiebedarf nicht wieder ansteigt.

6.2.2 Belüftung von Belebungsbecken

Am Gesamtstromverbrauch von Belebungsanlagen ist das Belüftungssystem maßgeblich beteiligt. Wie viel Luft zugeführt werden muss, hängt vom Sauerstoffbedarf, dem spezifischen Sauerstoffeintrag des Belüftungssystems und der

Art der Umwälzung des Beckeninhalts ab. Der Sauerstoffbedarf wiederum wird im Wesentlichen festgelegt durch die BSB_5-Raumbelastung, den α-Wert, den Umfang der Nitrifikation und Denitrifikation, den Sauerstoffgehalt im Becken, den Schlammtrockensubstanzgehalt und die Abwassertemperatur.

Zum Nachweis der Garantiewerte eines erneuerten Belüftungssystems (als Eintrag in kg O_2/h und Ertrag in kg O_2/kWh) werden Sauerstoff-Eintragsversuche (vgl. [9]) unter Reinwasserbedingungen durchgeführt. Eine Ermittlung derselben Kenngrößen kann auch unter Betriebsbedingungen erfolgen. Hier geht dann beispielsweise auch der abwasser- und anlagenspezifische α-Wert mit ein. Es wird empfohlen, das Gesamtsystem alle 5 Jahre unter Betriebsbedingungen überprüfen zu lassen. Angesichts des geringeren Aufwands im Vergleich zum Reinwasserversuch kann die etwas größere Unsicherheit der Ergebnisse in Kauf genommen werden. Da sich die Belüftung oft als größte energetische Schwachstelle erweist, sind die Untersuchungskosten zumal bei größeren Anlagen durchaus vertretbar.

➡ **Sauerstoffgehalt**

Die erforderliche Sauerstoffzufuhr ergibt sich durch:

- den Abbau der Kohlenstoffverbindungen (Grundatmung und Substratatmung),

- die Stickstoffoxidation (Nitrifikation),

- den betrieblich notwendigen Sauerstoffüberschuss im belüfteten Becken,

- den Umfang der Denitrifikation.

Ziel eines energetisch wirtschaftlichen Betriebes muss sein, die Luftzufuhr zu minimieren, ohne dass Ablaufqualität und Prozessstabilität beeinträchtigt werden. Bei sehr weitgehender Nitrifikation ist davon auszugehen, dass die Sauerstoffzufuhr auch für die Kohlenstoffelimination völlig ausreichend ist.

Ein maßgebliches „Regelungselement" für eine angepasste Sauerstoffzufuhr ist der Sauerstoffgehalt (= Sauerstoffüberschuss) im belüfteten Becken. In Abb. 5 ist die notwendige Luftzufuhr in Abhängigkeit des Sauerstoffgehaltes im Becken und der Abwassertemperatur dargestellt.

Demnach hat der Betrieb der Anlage mit einem mittleren Sauerstoffgehalt von 2,0 mg/L gegenüber 1,0 mg/L bei einer Abwassertemperatur von 15°C einen um 13 % erhöhten Luftbedarf zur Folge. Steigt der Sauerstoffgehalt (infolge ungenügender Regelung der Sauerstoffzufuhr oder zu großer Gebläse) auf zum Beispiel 5 mg/L an, wird bei höheren Abwassertemperaturen schon die doppelte Menge der für einen Sauerstoffgehalt von 1 mg/L benötigten Luft eingetragen.

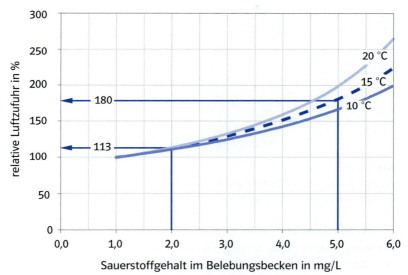

Abb. 5:
Einfluss des Sauerstoffgehaltes im Belebungsbecken auf die erforderliche Sauerstoffzufuhr in Abhängigkeit von der Abwassertemperatur (Sauerstoffgehalt 1 mg/L = 100 %).

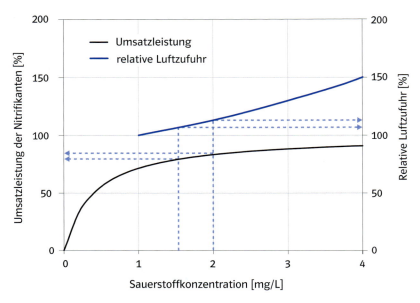

Abb. 6:
Erforderliche Sauerstoffzufuhr und Umsatzleistung der Nitrifikanten in Abhängigkeit von der Sauerstoffkonzentration bei 15 °C (aus [8])

Sofern der Sauerstoffgehalt an einer repräsentativen Stelle im Belüftungsbecken gemessen wird, ist eine Absenkung des Sauerstoffsollwertes auf einen Wert unter 2 mg/L in der Regel ohne weiteres möglich. Allein bei einer Verringerung des Sollwertes auf 1,5 mg/L kann die Luftzufuhr (und damit auch die Belüftungsenergie) um ca. 7 % vermindert werden. Der Umsatz der Nitrifikanten geht in diesem Bereich nur geringfügig zurück (vgl. Abb 6). Bei Anlagen mit vorgeschalteter Denitrifikation und/oder relativ dünnem Zulauf (hoher Fremdwasseranteil) können voll nitrifizierende Anlagen durchaus im Mittel mit 1,0 – 1,5 mg/L Sauerstoffüberschuss betrieben werden.

 Vorsicht

Zu hohe Sauerstoffgehalte führen nicht nur zu einem zu hohen Energieverbrauch, sondern wirken sich auch durch Sauerstoffverschleppung ungünstig auf die Denitrifikation und die P-Rücklösung bei der biologische Phosphatelimination aus.

Die Minimierung des Lufteintrages setzt immer eine sorgfältige Regelung der Luftzufuhr voraus. Dabei sind folgende Maßnahmen von Bedeutung:

Sicherstellung der Funktionsfähigkeit der Sauerstoffsonden durch regelmäßige Wartung (ggf. Reinigung der Schutzarmatur) und Kalibrierung gemäß der Bedienungsanleitung. In Zweifelsfällen ist eine Kontrollmessung mit kalibrierten Handgeräten vorzunehmen.

Wahl einer repräsentativen Messstelle für die Sauerstoffmessung. Hierzu wird empfohlen, bei unterschiedlichen Belastungszuständen regelmäßig (zum Beispiel vierteljährlich) mit Handgeräten Sauerstoffprofile über die belüfteten Beckenbereiche aufzunehmen. Eine ausreichende Anströmung der Sauerstoffelektrode muss (ggf. durch langsames Bewegen der Sonde) gewährleistet sein. Bei Belebungsbecken mit Oberflächenbelüftern kann sich der Sauerstoffgehalt auch über die Beckentiefe verändern.

Der zeitliche Aufwand für die Messreihen ist im Vergleich zum möglichen Einsparpotential als gering zu bewerten. Hinweise zum Messort sind dem DWA-M 265 zu entnehmen [10].

Wird die Luftzufuhr mehrerer, paralleler Beckenstraßen über eine Referenzstraße geregelt, sind die gleichmäßige Verteilung von Zulauf und Rücklauf sowie der Feststoffgehalt sorgfältig zu prüfen. Bei ungleichmäßiger Verteilung stellen sich zwangsläufig auch verschiedene Sauerstoffgehalte ein. Es wird empfohlen, die Sauerstoffgehalte in allen Straßen laufend zu kontrollieren. Eine fest installierte Sauerstoffsonde in jeder parallelen Straße wird dabei für unabdingbar gehalten. Nur so kann eine ungleichmäßige Luftverteilung erkannt und eine Unter- bzw. Überbelüftung einzelner Beckenbereiche verhindert werden.

Wird bei längs durchströmten Belebungsbecken der Sauerstoffgehalt an zwei Stellen (in der Regel an den Drittelspunkten) gemessen, sollten auch beide Messwerte (zum Beispiel als Mittelwert) bei der Regelung der Sauerstoffzufuhr Berücksichtigung finden.

Weitere Empfehlungen zur energetischen Optimierung der Sauerstoffzufuhr:

Bei allen Anlagen ist zu prüfen, ob die Gebläse so gekoppelt sind, dass bei jedem Belastungszustand der insgesamt höchste Wirkungsgrad (und damit der geringste Stromverbrauch) erreicht werden kann.

Bei längs durchströmten Becken und vorgeschalteter Denitrifikation kann die Belüftung am Beckenende so weit gedrosselt werden, dass die Luftzufuhr für die Umwälzung gerade noch ausreichend ist. Neben der (eher geringen) Energieeinsparung werden dann geringere Sauerstofffrachten in die unbelüftete DN-Zone rezirkuliert. Bei Anlagen mit erhöhter biologischer Phosphatelimination darf durch die schwache Belüftung aber keine Phosphatrücklösung auftreten.

Werden in belastungsschwachen Zeiten trotz niedrigster Gebläseeinstellung noch Sauerstoffgehalte in der Belebung von über 4 mg/L erreicht, stehen folgende Lösungsmöglichkeiten zur Verfügung:

bei abschaltbaren Belüftern zunächst versuchsweise Umstellung des Anlagenbetriebes zur belastungsschwachen Zeit auf intermittierenden Betrieb. Die Steuerung der Belüfter kann dabei über eine Zeitschaltuhr erfolgen. Es wird empfohlen, anfangs die Belüftungspausen auf maximal 30 Minuten zu begrenzen. In einem weiteren Schritt ist dann zu prüfen, ob es wirtschaftlich ist, Belüftung und Umwälzung durch Einbau von zusätzlichen Rührwerken zu trennen (⇨6.4).

> ⚠ **Vorsicht**
>
> Beim intermittierenden Betrieb von Keramikbelüftern ohne getrennte Umwälzung besteht die Gefahr irreversibler Verstopfungen.

 Beschaffung eines geeigneten, kleineren Gebläses (⇨6.4)

⚠ Vorsicht

Bei einer Absenkung der Sauerstoffkonzentration muss die Umwälzung des belebten Schlammes gewährleistet sein. Eine fehlende Umwälzung ist an der Ausbildung von Klarwasserzonen im belüfteten Bereich deutlich zu erkennen.

Zudem besteht bei dauerhaft geringen Sauerstoffkonzentrationen (< 0,5 mg/L) grundsätzlich die Gefahr einer Verschlechterung des Absetzverhaltens bzw. der Blähschlammbildung.

Übersteigt der NH_4-N-Gehalt 1,5 mg/L in der 24-h-Mischprobe (bzw. 3 mg/L in der 2-h-Mischprobe), ist der Sauerstoffsollwert umgehend wieder um eine Stufe (+ 0,2 mg/L) nach oben zu korrigieren.

Zu beachten ist zusätzlich bei Anlagen mit gezielter biologischer Phosphat-eliminaton, dass durch eine zu geringe Sauerstoffzufuhr keine Phosphatrücklösung im belüfteten Beckenteil erfolgen darf. Die Gefahr besteht im Besonderen bei einer Sauerstoffregelung in Abhängigkeit des Ammoniumgehaltes im Ablauf der biologischen Stufe. Dabei darf der O_2-Sollwert nicht soweit abgesenkt werden, dass über längere Zeiträume anoxische oder anaerobe Verhältnisse mit Nitratgehalten < 3 mg/L auftreten.

Da der Betreiber gehalten ist, die Kapazität seiner Anlage voll zu nutzen und der Gewässerschutz stets Vorrang haben muss, kommt eine weitgehende Drosselung der Belüftung mit dem Ziel, die mögliche Nitrifikation zu unterdrücken, in der Regel auch dann nicht in Betracht, wenn kein Überwachungswert für die Ammoniumkonzentration einzuhalten ist (bei vielen kleinen Anlagen ist dies ganzjährig, bei größeren in der kalten Jahreszeit der Fall).

Außerdem ist davon abzuraten, die Anlage aus Gründen der Stromersparnis durch schwächere Belüftung so einzustellen, dass die Ammoniumgehalte im Auslauf nur wenig unter dem Überwachungswert liegen. Bei derart instabiler Nitrifikation kann dieser leicht überschritten werden. Zudem besteht die Gefahr der Nitritbildung wie auch einer Verschlechterung des Absetzverhaltens.

➡ **Trockensubstanzgehalt**

Der Sauerstoffbedarf ist abhängig von der Fracht der Kohlenstoff- und Stickstoffverbindungen im Zulauf sowie von der Grundatmung des belebten
Schlammes. Ein unnötig hoher Trockensubstanzgehalt im Belebungsbecken
hat somit einen entsprechend höheren Sauerstoffbedarf zur Folge, ohne dass
das Reinigungsergebnis merklich besser wird. Zusätzlich wächst bei zu hohen
TS-Gehalten die Gefahr von Schlammabtrieb aus der Nachklärung. Eine gezielte Schlammstapelung in der Belebung ist deshalb aus energetischer wie
verfahrenstechnischer Sicht als Betriebsfehler zu bezeichnen.

In Abb. 7 ist der Sauerstoffbedarf in Abhängigkeit vom Trockensubstanzgehalt im Belebungsbecken dargestellt. Es ist zu sehen, dass durch den zusätzlichen Bedarf für die Grundatmung für jedes g/L TS zuviel ein Strommehrver-
brauch von bis zu 10 % entsteht.

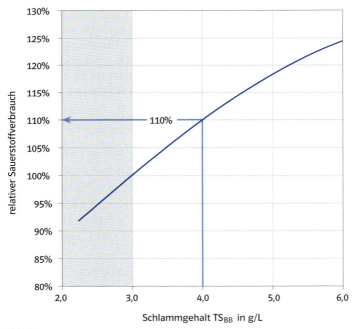

Abb. 7:
Einfluss des Trockensubstanzgehaltes auf den Sauerstoffverbrauch bei An-lagen mit
Nitrifikation/Denitrifikation (Abwassertemperatur 15 °C).

Der Feststoffgehalt in der Belebung ist bedarfsgerecht (Sicherstellung der Nitrifikation) einzustellen. Dazu ist täglich der Trockensubstanzgehalt zu bestimmen oder eine kontinuierliche Schlammdichtemessung in der Denitrifikationszone einzusetzen (Luftblasen dürfen die Messung nicht beeinträchtigen). Ersatzweise kann zur Abschätzung des TS-Gehaltes an einzelnen Tagen bei konstantem Schlammindex auch nur das Absetzvolumen bestimmt werden.

Bei höheren Abwassertemperaturen kann das Schlammalter ohne Beeinträchtigung der Nitrifikation verkürzt werden, d.h. dass Anlagen mit ganzjähriger Nitrifikation im Sommer mit kleineren Feststoffgehalten betrieben werden können.

Auf Anlagen mit vollständiger Nitrifikation (NH_4-N im Ablauf in der 24-h-Mischprobe < 1 mg/L) sollte versucht werden, den Trockensubstanzgehalt im Belebungsbecken durch erhöhten Überschussschlammabzug schrittweise (0,2 g/L pro Schritt) abzusenken. Der NH_4-N-Wert sollte dabei im Kläranlagenablauf täglich kontrolliert werden. Nach Möglichkeit ist auch der Tagesgang anhand von 2-h- oder 4-h-Mischproben oder einem kontinuierlichen Messgerät zu erfassen.

Übersteigt der Ammoniumgehalt im Ablauf 1,5 mg/L in der 24-h-Mischprobe (bzw. 3 mg/L in der 2-h-Mischprobe), ist der Feststoffgehalt durch verminderten Überschussschlammabzug wieder zu erhöhen.

 Vorsicht

- Ein ausreichendes aerobes Schlammalter (t_{TS}) muss immer gewährleistet sein, ein – temperaturunabhängiges – Mindestschlammalter von 5 Tagen ist einzuhalten. Hinweise zur Berechnung des Schlammalters finden sich unter anderem in [11].

- Ein Feststoffgehalt von 2,0 g/L sollte aus betrieblichen Gründen nicht unterschritten werden. Hier besteht dann die Gefahr einer Verschlechterung des Absetzverhaltens des Schlammes in der Nachklärung.

➡ Denitrifikation

Grundsätzlich wird durch eine weitgehende Nitrifikation der Sauerstoffverbrauch erhöht, durch eine Denitrifikation dagegen Sauerstoff (ca. 1/3 der für die Nitrifikation verbrauchten Menge) zurück gewonnen. Daraus ergeben sich aus energetischer Sicht folgende Betriebsziele:

> Optimierung der Denitrifikation, zum Beispiel durch
>
> ▨ Schaffung von anoxischen Bereichen durch Drosselung der Belüftung am Ende der Nitrifikationszone bzw. durch Abschaltung der Luftzufuhr und Einsatz von Rührwerken in Zeiten geringer Belastung bzw. höherer Abwassertemperaturen (⇨6.4),
>
> ▨ angepasste Nitratrückführung (⇨6.2.8.),
>
> ▨ Zuschaltung von unbelüfteten, aber belüftbaren Kaskadenteilen.

➡ Verdichter bei Druckbelüftungssystemen

Zur Versorgung der Belebungsbecken mit Druckluft werden Drehkolbenverdichter oder Turboverdichter eingesetzt. Letztere arbeiten, sofern der Antrieb richtig ausgelegt ist, mit einem etwas höheren Wirkungsgrad (auch im Teillastbetrieb).

Der Stromverbrauch eines Verdichters ist abhängig von der geförderten Luftmenge, der zu überwindenden Druckhöhe sowie den Wirkungsgraden des Verdichters und seines Antriebsmotors. Größere Verdichter weisen geringere Verluste und damit höhere Wirkungsgrade auf als kleinere Verdichter. Speziell beim Drehkolbengebläse geht der Wirkungsgrad mit zunehmender geographischer Höhe (aufgrund der abnehmenden Luftdichte) tendenziell zurück.

> Die Minimierung der Maschinenverluste setzt voraus, dass Lager, Zahnräder, Wellendichtungen und Riemenantriebe entsprechend den Vorschriften des Herstellers gewartet werden. Insbesondere müssen die Keilriemen wöchentlich kontrolliert und ggf. nachgespannt werden. Die Schmierölzugabe ist genau zu dosieren. Zu viel Öl (= Ölstand zu hoch) bedeutet einen erhöhten Leistungsbedarf. Im Stillstand müssen sich die Rotoren von Hand leicht und gleichmäßig drehen lassen.

Saug- und druckseitige Strömungsverluste können rasch anwachsen und fordern daher besondere betriebliche Aufmerksamkeit.

Voraussetzung für eine wirksame Kontrolle der Verluste sind

- ein Manometer unmittelbar hinter dem Verdichter, an dem die zu überwindende Druckhöhe (= Einblastiefe + Summe der Widerstände der druckseitigen Verdichterarmaturen, der Luftleitungen und ihrer Armaturen und nicht zuletzt der Belüfterelemente) abgelesen werden kann, sowie

- ein Unterdruckanzeiger, der Aufschluss über den Widerstand des Ansaugfilters gibt.

Falls nicht bereits vorhanden, sind Manometer und Unterdruckanzeiger nachzurüsten (i.d.R. sind dazu Gewindestopfen unmittelbar vor und nach dem Verdichter in die Leitung eingeschraubt) bzw. ist ein tragbares (digitales) Druckmessgerät zu beschaffen. Die Druckverhältnisse sind wöchentlich zu kontrollieren.

Hinweis:
Kontinuierlich messende elektrische Manometer können zur Abgabe von Störmeldungen bei Überschreitung eines maximalen Druckverlustes genutzt werden.

Bei zunehmender Verstopfung der Ansaugfilter steigt der Leistungsbedarf rasch an. Um die Ansaugverluste gering zu halten, sind die Filter nach festen Vorgaben regelmäßig zu reinigen bzw. auszutauschen (z.B. wenn der Filterwiderstand den zwei- bis dreifachen Ausgangswiderstand erreicht hat). Je höher die örtliche Luftverschmutzung, desto kürzer die Intervalle.

Die Vereisung von Ansaugfiltern in der Außenwand hat die gleiche Wirkung wie deren Verstopfung. Um Eisbildung zu verhindern bzw. zu beseitigen, ist dem Filter Warmluft aus der Druckleitung des Verdichters zuzuführen. Die dazu notwendigen Installationen erfordern in der Regel keinen großen Aufwand.

Bei Luftmangel drehen die Verdichter hoch, auch wenn die Ansaugfilter frei sind. Wird Raumluft angesaugt, ist daher eine jederzeit ausreichende Frischluftzufuhr sicherzustellen.

Bei unzureichender Filterwirkung gelangen Staubpartikel (auch Blütenstaub) aus der Luft zu den Belüfterelementen und verstopfen diese. Gleichzeitig besteht die Gefahr der Belagbildung auf den rotierenden Flächen der Verdichter, die zu Unwuchten, damit zu einem erhöhten Stromverbrauch, und letztlich auch zum Ausfall der Maschine führt.

Defekte Filter sind daher sofort auszutauschen. Auf keinen Fall dürfen die Verdichter ohne Ansaugfilter betrieben werden.

Spricht das Sicherheitsventil auf der Druckseite häufig an, entstehen unter Umständen hohe Luftverluste. Um diese zu vermeiden, muss das Ventil regelmäßig auf seine korrekte Einstellung hin überprüft werden.

Auf der Druckseite ist ferner darauf zu achten, dass die Rückschlagklappe beim Betrieb der Verdichter immer, d.h. auch bei minimalem Förderstrom, vollständig geöffnet ist.

Bei mehreren parallel betriebenen Verdichtern ist darauf zu achten, dass bei Stillstand einzelner Verdichter die Rückschlagklappen auf der Druckseite fest schließen und keine Luft zurückströmen kann.

➡ **Luftverteilung und Belüftungselemente bei Druckbelüftungssystemen**

Die Luftzufuhr und -verteilung erfolgt durch erdverlegte oder frei zugängliche Rohrleitungen mit unterschiedlichen Durchmessern und ggf. den Einsatz von – im Einzelfall druckintensiven – Regel-, Mess- oder Absperrarmaturen. Die Druckverluste können gemessen (Manometer unmittelbar am Gebläse und im Bereich von Fallleitungen) oder auch berechnet werden. Zu hohe Druckverluste durch (zu) hohe Fließgeschwindigkeiten (> 20 m/s) können nur durch oft aufwändige Austauschmaßnahmen geändert werden.

Die Belüftungselemente bestehen größtenteils aus EPDM, Kunststoff, Silikon oder Keramik. Durch den geringeren Druckverlust sind Keramikelemente energetisch grundsätzlich günstiger, nachteilig ist dagegen die mangelnde

Verstopfungssicherheit, die nur durch eine ständige Mindestluftbeaufschlagung sichergestellt werden kann.

Die Entwicklung des Druckverlustes im Luftsystem ist sorgfältig zu beobachten und regelmäßig zu dokumentieren. Dabei sollte die Ablesung des Manometers immer unter den gleichen oder zumindest vergleichbaren Bedingungen erfolgen:

- Bei regelbaren Verdichtern kurzzeitig Automatik außer Betrieb nehmen und Drehzahl bzw. Frequenz nacheinander auf zwei festgelegte Werte (z.B. 100 %- und 50 %-Wert) einstellen, den sich einstellenden Druck ablesen und aufzeichnen.

- Ansonsten Ablesungen an gleichen Wochentagen zu gleichen Tageszeiten.

Anhaltswerte für die Manometeranzeige bei nicht beeinträchtigten Systemen:

- bei Ablesung in m Wassersäule: Einblastiefe (in m) + 10 %

- bei Ablesung in bar: [0,1 x Einblastiefe (in m)] + 10 %

Die Einblastiefe ist die Wassertiefe über den Belüfterelementen. Sie kann den Planunterlagen entnommen werden. Die Bezugsgröße ist in der Regel der Ruhewasserspiegel. Im Betrieb kann bei Mischwasserzufluss der Wasserspiegel im Belebungsbecken deutlich ansteigen (bis über 20 cm).

Druckseitig sind somit die Einblastiefe (Wassertiefe abzüglich Einbauhöhe) + Rohrleitungsverluste (incl. Armaturen) + Druckverluste der Belüfter zu überwinden. Damit ergibt sich der Druckverlust der Belüfter als gemessener Druck (Messstelle M1 in Abb. 8) abzüglich der Einblastiefe und der Rohrleitungsverluste.

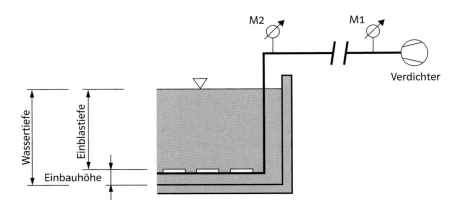

Abb. 8:
Schematische Darstellung der Druckverluste von Belüftungseinrichtungen

Unabhängig von der Belüfterart kann in folgenden Fällen einer Erhöhung des Stromverbrauches entgegengewirkt werden:

a) Höhere Leistungsaufnahme der Gebläse durch höheren Widerstand infolge Kondenswasserbildung:

> Die Luftleitungen müssen regelmäßig (mindestens wöchentlich) entwässert werden. Tritt trotz geöffnetem Entwässerungshahn weder Wasser noch Luft aus, ist das System weiterhin mit Wasser gefüllt. Eine Entwässerung ist dann nur durch Erhöhung des Druckes in der Luftleitung, durch Installation einer Saugpumpe oder durch Tiefersetzung des Entwässerungshahnes möglich. Bei einer Druckerhöhung durch Zuschaltung von Gebläsen – um das Wasser auszutreiben – dürfen die Membranelementen nicht beschädigt werden.

b) Höhere Leistungsaufnahme der Gebläse durch höheren Widerstand infolge Belagbildung:

Infolge von biologischem Bewuchs oder Inkrustierungen (oft Kalkablagerungen) auf bzw. in den Belüftungselementen kann der Druckverlust ebenfalls deutlich ansteigen. Als Anhalt gilt, dass die Belüfter chemisch zu reinigen sind, wenn der Ausgangsdruckverlust um 10 % angestiegen ist. Als Reinigungsmittel wird in der Regel Ameisensäure verwendet. Die Durchführung der Reinigung ist der Betriebsanleitung zu entnehmen. Die Reinigungsmaßnahme muss sich auf alle Belüfterelemente erstrecken, da sonst infolge ungleichmäßiger Druckverluste eine gleichmäßige Luftverteilung in die Becken nicht mehr gewährleistet wird.

Der Belagbildung kann auch durch kurzzeitiges Hochfahren der Gebläse vorgebeugt werde (zweimal täglich 5 – 10 Minuten unter Volllast).

Eine gleichmäßige Verteilung der Luft auf die installierten Belüfterelemente ist Voraussetzung für einen wirtschaftlichen Betrieb. Hohe Beaufschlagungen führen zu einer ungünstigeren Ausnutzung des Sauerstoffes (zunehmend grobblasige Belüftung) und damit zu einem schlechteren energetischen Wirkungsgrad des Gesamtsystems. Die gleichmäßige Verteilung der Luft zeigt sich an einem gleichmäßigen Blasenbild. Abweichungen ergeben sich, wenn

- die Belüftungselemente nicht exakt horizontal eingebaut wurden bzw. im Betrieb ihre Lage geändert haben. In diesem Fall entweicht die Luft infolge des geringeren Wasserdruckes im höher liegenden Teil, die anderen Elemente bleiben unterversorgt,

- einzelne Belüfter belegt oder verstopft sind, so dass eine unzureichende Belüftung im betroffenen Beckenbereich die Folge ist,

- bei Membranbelüftern sich die Membrane infolge von Materialfehlern oder Materialermüdung nicht mehr richtig aufblasen lässt,

- einzelne Belüfterelemente oder die Luftzuleitung im Becken gerissen bzw. geplatzt sind. Durch den fehlenden Widerstand wird punktuell sehr viel Luft in das Becken geblasen (sichtbar durch „Sprudeleffekte" an der Oberfläche des Beckens).

- durch Einbauten in die Becken (zum Beispiel in Form von Gerinnen) ein Wellenschlag erzeugt wird, der ein gleichmäßiges Blasenbild nicht erwarten lässt.

Bei Abnahme eines neu installierten Belüftungssystems muss deshalb das Blasenbild bei abgesenktem Wasserstand (Klarwasser) und unterschiedlichen Gebläseleistungen sehr sorgfältig kontrolliert sowie dokumentiert (Fotos) werden. Bei einem einseitigen oder sehr ungleichmäßigen Blasenbild müssen die Belüfterelemente entweder nachjustiert oder ausgetauscht werden.

Bei Feststellung einer stellenweise schwachen Oberflächenbewegung oder einer punktuell starken Turbulenz ist die Überprüfung und Beseitigung der belegten bzw. verzopften Elemente bzw. der Austausch des beschädigten Elementes zu veranlassen. Sollten sich die Belüftungsgitter nicht während des Betriebes einfach herausheben lassen, sind dazu Taucher einzusetzen oder ist (ggf. in Absprache mit der Fachbehörde) der Wasserstand im Becken abzusenken, bis die Belüfter zugänglich sind.

Bei undichten Luftleitungen (Rissbildung bei starker Vibration oder undichte Flanschverbindungen) können erhebliche Luftmengen entweichen. Bei Leitungen in Rohrkanälen ist der Luftaustritt an der damit einhergehende Geräuschentwicklung zu erkennen. Bei erdverlegten Leitungen weisen ein deutlicher verringerter Differenzdruck (Manometerablesung) bzw. eine schwächere Turbulenz an der Wasseroberfläche auf entsprechende Luftverluste hin. Die Leckstelle im Erdreich ist zudem ggf. am Austrocknen des Bodens bzw. an Veränderungen des Bodenbewuchses zu erkennen.

Festgestellte Leckagen sind umgehend zu beseitigen.

➡ **Oberflächenbelüfter**

Um unnötige Wirkungsgradverluste bei Oberflächenbelüftern zu vermeiden, ist folgendes zu beachten:

> Anhaftenden belebten Schlamm auf der Oberfläche der Turbine regelmäßig entfernen.

> Ggf. gebildete Eisschicht rasch entfernen (durch Abdampfen oder kurzzeitige Überflutung der abgeschalteten Turbine durch Anhebung des Wasserspiegels).

> Lockere Schraubenverbindungen am Getriebeflansch sofort nachziehen (Kontrollen monatlich).

> Bei Walzenbelüftern insbesondere auf die exakt horizontale Ausrichtung der Lager und eine ausreichende Lagerschmierung achten.

> Beim Betrieb ist darauf zu achten, dass „stoßend" betriebene Belüfter zwar mehr Sauerstoff eintragen, aber auch energieintensiver sind. Es ist daher zu prüfen, ob Oberflächenbelüfter, die deutlich zuviel Sauerstoff eintragen, nicht auch „schleppend" betrieben werden können.

> Bei ungleichmäßigem Auswurfbild im Falle geschlossener Turbinenformen (Hinweis auf Verstopfungen) sind die einzelnen Kanäle von oben mit starkem Wasserstrahl durchzuspülen, herausgedrückte Grob- und Faserstoffe sind aus dem Becken zu entfernen.

In Belebungsbecken mit Kreiselbelüftern kann es bei bestimmten Drehzahlen und Eintauchtiefen der Belüfter zu einem stark kreisenden Wasserkörper mit umlaufenden Wellen oder zu stehenden Wellenbewegungen mit Sunk- und Schwallerscheinungen kommen. Die Folge davon sind nicht nur eine zusätzliche mechanische Belastung der Belüfter und Getriebe, sondern auch ein verminderter Sauerstoffeintrag.

> Treten derartige Erscheinungen auf, sind nachträglich vertikale und/oder horizontale Platten zur Verhinderung von Drehbewegungen und Schwingungen in das Belüftungsbecken einzubauen (planerische Aufgabe).

6.2.3 Abwasserfiltration

Die Abwasserfiltration ist ein energieintensiver Verfahrensschritt. Dabei entfallen bis zu 85 % des Stromverbrauchs auf die Rohwasserpumpen. Für den Rest sind weitere Pumpen (Spülung des Filterbetts, Schlammwasserrückführung) und Gebläse (Spülluftversorgung und ggf. Lufteintrag in Vorbelüftungsbecken) verantwortlich. Die Steuerungsorgane, die MSR-Technik und ggf. die Dosierung und Einmischung von Chemikalien fallen i.d.R. nicht ins Gewicht.

Die Einflussmöglichkeiten im laufenden Betrieb sind begrenzt. Gewisse Einsparungen können durch folgende Maßnahmen erreicht werden:

➡ **Anpassung des Spülprogramms**

Die Spülung der Filter erfolgt üblicherweise nach Ablauf einer festgelegten Zeit, beim Erreichen eines vorgegebenen Druckverlusts oder eines vorgegebenen Öffnungsgrades der Ablaufklappen.

> Im Falle fester Spülzyklen sollte die Zeit zwischen zwei Spülungen nicht weniger als 24 h betragen. Bei wenig abfiltrierbaren Stoffen im Ablauf der Nachklärung (< 10 mg/L) kann das Spülintervall auf 48 h verlängert werden.

Durch ein Kurz- bzw. Notspülprogramm kann der Betrieb aufrechterhalten werden, wenn es kurz vor Beginn der Regelspülung durch erhöhten Zufluss zu einem plötzlichen Druckanstieg kommt, durch den die Spülung mehrerer Filterkammern gleichzeitig ausgelöst wird [12].

> Darüber hinaus bietet es sich an, versuchsweise nacheinander
>
> ■ die eingestellten Zeiten für die Luftspülung und die Wasserspülung sowie
>
> ■ die Spülwassergeschwindigkeit durch Verringerung der Drehzahl der Spülwasserpumpen
>
> zu vermindern. Die Optimierung des Spülprogramms fällt leichter, wenn eine Referenzkammer mit Einrichtung zur Messung der relevanten Parameter ausgerüstet wird [12].

Weniger intensives Spülen hat ebenso wie die Verlängerung der Spülzyklen einen geringeren Schlammwasseranfall zur Folge, wodurch auch der Stromverbrauch für die Schlammwasserrückführung sinkt.

> ⚠ **Vorsicht**
>
> Weniger intensives Spülen kann zwar Energie einsparen, die Veränderungen im Spülprogramm sind jedoch rückgängig zu machen, wenn der Ausgangsdruckverlust des gespülten Filters erkennbar über den bisherigen hinaus ansteigt. Der Erfolg der Spülung kann nach [12] auf einfache Weise kontrolliert werden.

➡ **Außerbetriebnahme von Filterkammern**

> Bei andauernd geringem Zufluss kann es von Vorteil sein, einzelne Filterkammern außer Betrieb zu nehmen. Dadurch verringert sich der Spülaufwand entsprechend.

Vor der Außerbetriebnahme müssen die Kammern jedoch gespült und mit Filtrat gefüllt werden. Längere Stand-by-Zeiten einzelner Kammern sind durch einen zyklischen Wechsel zu vermeiden [12].

➡ **Einschränkung bzw. Abschaltung der Vorbelüftung**

> Bei Filteranlagen mit Vorbelüftungsbecken ist zu prüfen, ob die volle Gebläseleistung bzw. ein ununterbrochener Betrieb notwendig ist, um Ablagerungen zu vermeiden, bzw. ob durch Sauerstoffsättigung des Abwassers vor dem Filter tatsächlich ein zusätzlicher Nitrifikationseffekt im Filter bewirkt wird. Ggf. können die Gebläse auch ganz abgeschaltet werden. Womöglich erledigt sich dadurch auch ein bisher bestehendes Schaumproblem im Vorbecken.

➡ **Optimierung von Pumpen und Gebläsen**

⇨6.2.2 bzw. ⇨6.2.4

6.2.4 Abwasserpumpen

6.2.4.1 Allgemeines

Der Stromverbrauch von Pumpen hängt vom Förderstrom, von der zu überwindenden Druckhöhe sowie vom Wirkungsgrad der Pumpen, ihrer Antriebsmotoren und etwaiger Regeleinrichtungen ab. Bei geringer Auslastung sinkt sowohl der Wirkungsgrad der Pumpen als auch der der Motoren deutlich ab. Zur rechnerischen Ermittlung des Gesamtwirkungsgrades von Pumpen siehe ⇨ 3.3.4.

Zu den betrieblichen Eingriffsmöglichkeiten, die speziell die Rückspülung von Filtern (6.2.3), die Rücklaufschlammförderung (6.2.6) und die maschinelle Überschussschlammeindickung (6.2.10.8) betreffen und dabei jeweils auf die Verringerung der Fördermengen abzielen, wird auf die entsprechenden Kapitel verwiesen.

Zur Förderung von Abwasser kommen fast ausschließlich Schneckentrogpumpen und Kreiselpumpen zum Einsatz. Aufgrund ihrer Besonderheiten werden die beiden Pumpentypen im Folgenden getrennt betrachtet.

6.2.4.2 Förderschnecken

Der Gesamtwirkungsgrad von Förderschnecken in Einlaufhebewerken liegt oft weit unter 50 %. Im Zuge der Ursachenforschung ist insbesondere auf die Pumpensteuerung, auf Verschleißerscheinungen sowie auf die Sorgfalt bei der Wartung zu achten.

➡ **Einstau vor der Schnecke**

Typisch für Förderschnecken ist eine gewisse Selbstregelung des Volumenstroms bei wechselndem Wasserstand im Pumpensumpf. Der Wirkungsgrad erreicht nicht immer die bei Kreiselpumpen möglichen Spitzenwerte, ist aber in einem weiten Bereich von etwa 30 % der Nennförderung bis zur Vollförderung im Füllpunkt relativ hoch. Im Bereich darunter, d.h. bei weit absinkendem Unterwasserpegel fällt er dagegen stark ab (Abb. 9). Auch beim Einstau über den Füllpunkt hinaus geht der Wirkungsgrad zurück.

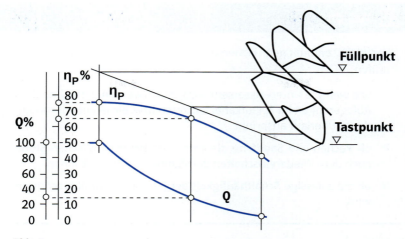

Abb. 9:
Wirkungsgrad von Schneckenpumpen ηp in Abhängigkeit von Förderstrom Q und Unterwasserpegel

> Tastpunkt: Niveau im Unterwasser, bei dem das Schneckenblatt gerade den Wasserspiegel berührt, ohne dass eine Förderung stattfindet.

> Füllpunkt: festgelegt durch die Scheitellinie des Tragrohrs und das untere Ende des Schneckenblattes in seiner höchsten Stellung.

Für den Betrieb ergibt sich daraus die Aufgabe, sowohl zu niedrige wie auch zu hohe Unterwasserpegel durch sorgfältige Anpassung der Niveausteuerung zu vermeiden.

In diesem Sinne ist zunächst das Abschaltniveau der Trockenwetterschnecke(n) zu prüfen und ggf. anzuheben (etwa auf die halbe Höhe zwischen Tastpunkt und Füllpunkt). Auch die anderen Schaltpunkte sind zu überprüfen und erforderlichenfalls anzupassen. Dabei kann auf die Unterlagen des Pumpenherstellers (Betriebsanleitung und Kennlinien) zurückgegriffen oder bei diesem direkt nachgefragt werden.

Zu häufiges Schalten ist durch Einhaltung von Mindestabständen zwischen den Schaltpunkten zu vermeiden.

Vor dem endgültigen Höhersetzen der Füllstandssonden ist zu prüfen

- wie weit die Unterwasserseite eingestaut werden darf, ohne dass Ablagerungen im Zulaufkanal auftreten bzw. ein eventuell vorhandener Überlauf anspringt

- ob Rechen und Sandfang die entstehenden hydraulischen Stöße nach dem Wiedereinschalten der Pumpe verkraften können

- ob die zulässige Schalthäufigkeit der Pumpen nicht überschritten wird.

Fällt stets mehr Abwasser an, als eine Trockenwetterschnecke fördern kann, sollte versucht werden, den Unterwasserspiegel in Höhe des Füllpunktes konstant zu halten. Dazu bedarf es einer geregelten Betriebsweise, bei der die zusätzlichen Trockenwetterschnecken je nach Bedarf zu- und abgeschaltet werden, oder die Drehzahl einer dieser Schnecken wird verändert. Die Regenwetterschnecke(n) sollte(n) ebenfalls so dicht wie möglich an ihrem Füllpunkt betrieben werden.

Bei Füllstandsmessung mittels Stabelektroden sind diese sorgfältig zu überwachen. Anhängende Grobstoffe und Zopf bildende Stoffe sind sofort zu entfernen, da diese die Elektroden kurzschließen und so den Dauerlauf der Schnecken verursachen können.

➡ **Spalt zwischen Schnecke und Trog**

Schon eine geringe Vergrößerung des Spaltes zwischen Schnecke und Trog hat einen erheblichen Rückgang des Wirkungsgrades zur Folge. Gleiches gilt bei nicht einwandfreiem Fluchten oder zu starkem Durchhang bei langen Schnecken.

Bei offenkundigen Verschleißerscheinungen, wie starken Auswaschungen oder bröckelndem Beton des Trogbettes, durch Sand bzw. Kies abgenutzte Schneckenblätter (vor allem im unteren Teil der Schnecke), bei verbogenen Schneckenblättern oder einem durchhängenden Schaftrohr sind baldmöglichst Sanierungsmaßnahmen einzuleiten. Dies setzt voraus, dass der Betriebsleiter die Schäden an seinen Dienstvorgesetzten weitergibt.

Ein schadhafter Betontrog kann zum Beispiel mit hochfesten Verschleißplatten ausgekleidet oder durch einen Stahltrog ersetzt werden. Ggf. kann durch Vorschalten eines Geröllfangs der Verschleiß deutlich vermindert werden.

➡ **Vorbeugende Kontrolle und Wartung**

Mechanische Verluste durch Lager, Kupplungen, Keilriemenverbindungen und Untersetzungsgetriebe sowie eine übermäßige Motorbeanspruchung sind durch sorgfältige Wartung so gering wie möglich zu halten. Besonders wichtig sind

- die ausreichende Schmierung der Pumpenlager mit den vorgeschriebenen Fetten (der Fettschmierautomat für das untere Lager ist immer rechtzeitig nachzufüllen),

- die mindestens halbjährliche Kontrolle des unteren Lagers (Lagertemperatur und Lagerspiel) bei kurzzeitig abgesperrtem Zufluss und

- die richtige Keilriemenspannung (weder zu stramm noch zu locker).

6.2.4.3 Kreiselpumpen

Aus der Aufschlüsselung der Lebenszykluskosten von Kreiselpumpen in Abb. 10 wird deutlich, dass etwa drei Viertel davon auf Stromkosten entfallen und damit die Anschaffungskosten eine völlig untergeordnete Rolle spielten. Daher darf bei Kaufentscheidungen nicht der Preis ausschlaggebend sein, vielmehr ist – neben der Verstopfungssicherheit – auf einen möglichst hohen Wirkungsgrad zu achten.

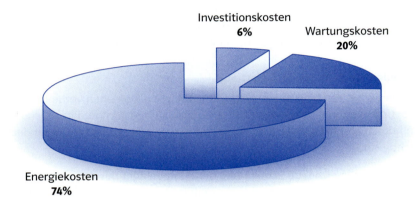

Abb. 10:
Lebenszykluskosten einer Kreiselpumpe

Kreiselpumpen werden für einen bestimmten Betriebspunkt ausgelegt, der sich aus dem maßgebenden Förderstrom und der zugehörigen manometrischen Förderhöhe ergibt (⇨6.3). In diesem Auslegungspunkt erreicht die Pumpe ihren besten Wirkungsgrad. Im Unterschied zu Förderschnecken ist der Bereich hoher Wirkungsgrade bei Kreiselpumpen jedoch enger begrenzt. Je weiter sich der tatsächliche Betriebspunkt der Pumpe vom Auslegungspunkt entfernt, desto schlechter wird der Wirkungsgrad (Abb. 11). Dies ist insbesondere bei stärker schwankenden Förderströmen zu beachten. Hier kommt es weniger auf den maximal erreichbaren, sondern auf einen möglichst hohen mittleren Wirkungsgrad an.

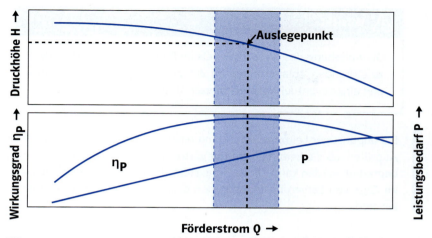

Abb. 11:
Kennlinien bei Kreiselpumpen

Ein unbefriedigender Wirkungsgrad im laufenden Betrieb liegt oft nicht allein an unzutreffenden Bemessungsannahmen oder überdimensionierten Pumpen und Motoren. Auch die mangelnde Kontrolle und Wartung von Pumpen und Armaturen, deren Verschleiß und Verstopfungen sowie hohe Verluste bei der Anpassung des Förderstromes wirken sich nachteilig aus.

Folgende Maßnahmen können helfen, den Stromverbrauch zu senken:

➡ **Verringerung der manometrischen Förderhöhe**

Durch stärkeren Einstau des Pumpensumpfes kann die (geodätische) Förderhöhe auf einfache Weise verringert werden.

> Daher ist zu prüfen, ob bzw. wie weit die Ein- und Ausschaltpunkte nach oben versetzt werden können. Die Mindestdifferenz zwischen den beiden Pegeln wird durch die zulässige Schalthäufigkeit der Pumpe bestimmt.

Die Anhebung des Wasserspiegels im Pumpensumpf darf weder zu störenden Ablagerungen im Zulaufkanal noch zum Anspringen eines eventuell vorgeschalteten Überlaufs führen.

Bei ungünstiger Leitungsführung mit einer Mehrzahl enger Krümmer ist zu prüfen, ob die Leitung nicht mit vertretbarem Aufwand in Eigenregie begradigt werden kann. Diese Frage stellt sich insbesondere dann, wenn im Zuge von Sanierungsmaßnahmen örtliche Zwangspunkte weggefallen sind.

➡ **Angepasste Kreislaufführung bei Tropfkörpern**

Die Kreislaufführung bei Tropfkörpern dient der Sicherstellung einer ausreichenden Spülwirkung, der Verdünnung des Zulaufs sowie der Rückführung von Nitrat im Falle vorgeschalteter Denitrifikationseinheiten. Häufig wird zu viel Abwasser gepumpt.

Flächenbeschickungen von deutlich mehr als 0,4 m/h bei brockengefüllten Tropfkörpern bzw. über 0,8 m/h bei Tropfkörpern mit Kunststofffüllmaterialien, jeweils im Tagesmittel) sind aus Gründen der Betriebssicherheit im Allgemeinen nicht erforderlich.

$$\text{Flächenbeschickung (in m/h)} = \frac{\text{Zufluss + Rückführfluss (in m}^3\text{/h)}}{\text{Oberfläche des Tropfkörpers (in m}^2\text{)}}$$

Um die genannten Flächenbeschickungen nicht unnötig zu überschreiten, ist der Rückführfluss so weit möglich an den Zufluss anzupassen, d.h. bei steigendem Zufluss zurückzunehmen. Bei Tropfkörpern mit Zufluss in freiem Gefälle und geregelter Abwasserrückführung ergibt sich dadurch die Besonderheit, dass der Stromverbrauch mit ansteigendem Zufluss immer geringer wird.

Bei Mischwasserzufluss ist – abgesehen von Denitrifikationstropfkörpern – häufig gar keine Abwasserrückführung erforderlich.

Falls die Flächenbeschickung bei Trockenwetter deutlich über 0,4 bzw. 0,8 m/h liegt und keine verfahrenstechnischen Gründe für deren Aufrechterhaltung sprechen, sind folgende Maßnahmen in Betracht zu ziehen:

Sind mehrere Kreislaufpumpen in Betrieb, ist zu prüfen, ob nicht zumindest eine davon ganz abgestellt werden kann.

Fördert nur eine Kreislaufpumpe (und kann diese nicht über den Zufluss gesteuert bzw. geregelt werden) kann der Förderstrom auf einen konstanten Wert abgesenkt werden entweder über

- die Verringerung der Pumpendrehzahl, falls diese verändert werden sich verändern lässt, oder

- das Abdrehen des Pumpenlaufrads bei Kanal- und Wirbelradpumpen. Hinweise dazu gibt der Pumpenhersteller. Trotz eines geringeren Wirkungsgrades durch die Verkleinerung des Laufrads verbraucht die Pumpe weniger Strom als zuvor.

Eine Drosselung des Förderstroms mittels Schieber kommt aufgrund der vergleichsweise hohen Verluste nur in Ausnahmefällen (etwa zur Entlastung der Nachklärung, aus der der Kreislauf abgezogen wird) und dann nur für befristete Zeit in Betracht.

Eine Anpassung des Rückführflusses an wechselnde Zuflussbedingungen und damit unter Umständen erhebliche Einsparungen beim Stromverbrauch können erreicht werden durch:

Manuelles Abschalten der Rückführpumpe(n) an Regenwettertagen

Zu- und Abschalten der zweiten und eventuell weiterer Rückführpumpen mittels Zeitschaltuhr. Maßgebend für das Zeitprogramm ist die Tagesganglinie des Trockenwetterzuflusses.

Zu- und Abschalten der Rückführpumpen in Abhängigkeit vom Zufluss. Dazu ist eine entsprechende Steuerung mit Anbindung an die Zuflussmessung erforderlich. Bei Pumpen mit veränderlicher Drehzahl kann der Förderstrom über das Signal der Durchflussmessung kontinuierlich reguliert werden.

Deutliche Einsparungen können erreicht werden, wenn der Rückführfluss auch an Trockenwettertagen mittels Laufzeit-Pausen-Steuerung zeitweise ganz abgestellt wird. Dies setzt allerdings voraus, dass die maximale BSB-Konzentration am Drehsprenger 150 mg/L nicht überschreitet (was bei einem erhöhtem Fremdwasserzufluss in der Regel der Fall ist). Bei entsprechender Betriebsumstellung sind die Reinigungswirkung und das Verstopfungsverhalten der Tropfkörper sorgfältig zu kontrollieren.

Die Vorschläge zur Reduzierung des Rückführflusses sind sinngemäß auch auf Denitrifikationstropfkörper anwendbar. Dort besteht Handlungsbedarf, falls der Nitratgehalt im Ablauf regelmäßig ansteigt, wenn ein bestimmtes Rückführflussverhältnis bzw. eine kritische Flächenbeschickung (diese jedoch deutlich über 0,4 bzw. 0,8 m/h) überschritten wird.

➡ **Wirkungsgradverbesserung**

In Kreiselpumpen zur Abwasserförderung kommen Laufräder unterschiedlicher Form zum Einsatz. Laufräder, die unempfindlich gegen Verstopfungen sind, haben tendenziell einen geringeren Wirkungsgrad und umgekehrt.

Wird mechanisch gereinigtes Abwasser durch Pumpen mit Freistrom- oder Einschaufelrädern angehoben, ist zu prüfen, ob diese nicht gegen Laufräder mit höherem Wirkungsgrad, z.B. Zweikanalräder, ausgetauscht werden können (siehe ➡ 6.3). Bei Feinsieben mit Öffnungsweiten ≤ 5 mm in der mechanischen Stufe (eventuell als Ersatz für ältere Rechen eingebaut) ist dies grundsätzlich der Fall.

Über mögliche Alternativen und die Fördercharakteristik der fraglichen Laufräder kann der Pumpenhersteller Auskunft geben.

Ein Laufradtausch ist spätestens dann in Betracht zu ziehen, wenn ein zerschlissenes Laufrad sowieso ersetzt werden muss.

Auch die Art der Wellendichtung hat einen nicht unerheblichen Einfluss auf den Wirkungsgrad der Pumpe.

Bei Pumpen, die im Dauerbetrieb laufen, kann durch Umrüstung von Stopfbuchsendichtungen auf Gleitringdichtungen ein deutlicher Wirkungsgradgewinn erzielt werden.

➡ **Vorbeugende Kontrollen und Wartung**

Ein merklicher Anstieg der Stromaufnahme trotz unverändertem Zufluss ist als Warnsignal zu werten. Daher sind die jeweiligen Amperemeteranzeigen regelmäßig (monatlich) zu kontrollieren, zu dokumentieren und ihr zeitlicher Verlauf zu verfolgen.

Zur Vermeidung unnötiger Verluste bzw. einer übermäßigen Motorbeanspruchung sind die Wartungsvorschriften der Hersteller sorgfältig zu befolgen. Insbesondere ist darauf zu achten, dass

eventuelle Laufradverzopfungen bzw. Verstopfungen, meist erkennbar an unregelmäßigem Lauf bzw. Fremdgeräuschen, sofort beseitigt werden. Bei häufigen Verstopfungen ist Ursachenforschung zu betreiben,

das Laufrad nicht am Gehäuse streift,

bei Wellendichtungen mittels Stopfbuchsenpackung die Brille nicht zu fest angezogen ist (diese ist gerade so ein- bzw. nachzustellen, dass die mit Sperrwasser beaufschlagte Packung leicht tropft),

bei Dichtungen mit Sperrwasseranschluss der Wasserdruck nicht mehr als 0,2 – 0,4 bar über dem Pumpendruck liegt,

Motor und Pumpe richtig fluchten,

Kielriemen nicht zu stark gespannt, aber auch nicht zu locker sind,

Rückschlagklappen leicht gängig sind und regelmäßig auf druckseitige Ablagerungen bzw. eingeklemmte Feststoffe hin überprüft werden,

Saug- und Druckschieber vollständig geöffnet sind (sofern nichts anderes angeordnet ist).

Luftansammlungen in den Hochpunkten von Rohrleitungen und Pumpengehäusen verhindert werden. Dazu sind diese wöchentlich zu entlüften oder automatische Luftabscheider zu installieren,

Durch zunehmenden Verschleiß an den Innenteilen bzw. den Dichtspalten geht der Pumpenwirkungsgrad mit der Zeit stetig zurück. Besonders verschleißanfällig sind die Schaufelkanten von Schneckenrädern bei Förderung von sandhaltigem Abwasser.

Um einem übermäßigen Wirkungsgradabfall vorzubeugen, ist das Laufradspiel (Spaltweite zwischen Laufrad und Gehäuse- bzw. Schleißwand) mindestens halbjährlich zu überprüfen und ggf. nachzustellen. Abgenutzte Laufräder und Schleißwände sind auszutauschen, eingelaufene Wellen können beschichtet werden.

Die Lager überfluteter Pumpen sind vorsorglich auszutauschen, da eingedrungene Schmutzstoffe oder Rostbildung zu hohen Lagerverlusten führen können.

6.2.5   Schlammfaulung

Energie wird hauptsächlich zur Umwälzung bzw. Durchmischung des Faulbehälterinhaltes benötigt, weniger für die Beschickung mit Rohschlamm. Eventuell vorhandene Feststoffzerkleinerer und motorbetriebene Schwimmdeckenzerstörer können zu einem merklich erhöhten Verbrauch führen. Die sonstigen Verbraucher (Heizwasserpumpen etc. sowie die MSR-Technik) spielen bei einem ordnungsgemäßen Betrieb eine völlig untergeordnete Rolle.

➡ **Umwälzung bzw. Durchmischung des Faulbehälterinhalts**

Die Umwälzung bzw. Durchmischung erfolgt alternativ mittels außen liegender Pumpen, durch Schraubenschaufler oder durch Faulgaseinpressung mittels Gaskompressoren. Die beiden letzteren Verfahren weisen gegenüber dem Umpumpen deutliche Vorteile nicht nur in ihrer Effizienz, sondern auch in energetischer Hinsicht auf, weil beim Umpumpen ein erheblicher Teil der eingesetzten Energie durch Rohrreibung verloren geht.

Bei Faulgaseinpressung, diese erfolgt grundsätzlich intermittierend, reicht eine über den Tag gemittelte Leistungsdichte von 2 W/m^3 aus, um den Faulbehälterinhalt wirksam zu durchmischen. Beim Einsatz von Schraubenschauflern liegt der entsprechende Wert bei 3 – 4 W/m^3 (2 W/m^3 entsprechen einem täglichen Stromverbrauch von 48 W/m^3, 4 W/m^3 einem solchen von 96 Wh/m^3).

$$\text{Leistungsdichte in W/m}^3 = \frac{\text{Wirkleistung in kW} \cdot \text{Betriebszeit in h/d} \cdot 41{,}7}{\text{Faulbehältervolumen in m}^3}$$

Zur Bestimmung der Wirkleistung s. Kapitel 4

Liegt bei Faulgaseinpressung die tatsächliche mittlere Leistungsdichte über 2 W/m³, sind (zunächst versuchsweise) die Pausenintervalle zu verlängern oder die Einpresszeiten (Laufzeiten des Kompressors) zu verkürzen.
Empfehlung: 6 mal 10 – 15 min täglich, d.h. in der Summe 1 – 1,5 h/d.

Schraubenschaufler sind ebenfalls diskontinuierlich zu betreiben (Laufzeit-Pausen-Steuerung mittels Zeitschaltuhr). Bei einer mittleren Leistungsdichte über 4 W/m³ sind die Pausen zu verlängern oder die Einschaltzeiten zu reduzieren. Die Mindestumwälzzeit beträgt 5 – 6 Stunden pro Tag.
Empfehlung: 5 – 6 mal 1 Stunde täglich.

Wird mittels Pumpen umgewälzt, sollte bei einer mittleren Leistungsdichte über 4 - 5 Wh/m³ ebenfalls auf intermittierenden Betrieb umgestellt werden bzw. ist die Laufzeit-Pausen-Steuerung entsprechend anzupassen. Die Mindestumwälzzeit liegt aber über der von Schraubenschauflern und sollte durch Versuche ermittelt werden. Der Faulbehälterinhalt ist mindestens 5 mal am Tag umzuwälzen.

Erfolgt die Beschickung mit Rohschlamm diskontinuierlich, ist bei allen drei Varianten das Zeitprogramm so anzupassen, dass der Schlamm sofort intensiv in den Faulbehälter eingemischt wird.

 Vorsicht

Zeichen für eine nicht mehr ausreichende Durchmischung sind ein Anstieg der organischen Säuren und ggf. des Glühverlusts im Schlamm sowie des CO_2-Anteils im Faulgas. Außerdem geht der Gasanfall zurück. Diese Parameter sind daher bei Betriebsumstellungen sorgfältig zu beobachten. Ggf. sind die veränderten Zeiteinstellungen zurückzunehmen.

➡ **Umwälzung bzw. Durchmischung des Faulbehälterinhalts**

Die heute verschiedentlich noch vorhandenen Feststoffzerkleinerer (z.B. Mazeratoren) in Schlammleitungen wurden installiert, um Verstopfungen zu vorzubeugen.

Feststoffzerkleinerer sollten nach Beendigung der Faulbehälterbeschickung abgeschaltet werden, entweder direkt über die Steuerung der Beschickungspumpen oder mittels separater Zeitschaltuhr. Falls keine Bypass-Leitung für den Umwälzbetrieb vorhanden ist, empfiehlt es sich, eine solche nachträglich zu installieren.

Beispiel
Läuft ein Mazerator, der 3 kW aufnimmt, lediglich 3 Stunden statt 24 Stunden am Tag, lassen sich im Jahr 23.000 kWh einsparen.

Eventuell noch in Betrieb befindliche Zerkleinerer sollten nach dem Austausch alter Rechen gegen Feinsiebe in der mechanischen Stufe zunächst versuchsweise abgeschaltet und bei ausbleibenden Verstopfungen ganz außer Betrieb genommen werden.

Motorbetriebene Schwimmdeckenzerstörer (z.B. Glockenschrauben) müssen nicht rund um die Uhr laufen.

Durch eine einfache Laufzeit-Pausen-Steuerung mit Einschaltzeiten von 10 – 15 min pro Stunde kann die Bildung von Schwimmdecken wirksam verhindert werden.

➡ **Wartung**

Inkrustierungen und Verbackungen in Schlammleitungen insbesondere im Bereich der Wärmetauscher führen zu Querschnittsverengungen und damit anwachsenden Druckverlusten. Dadurch steigt die Stromaufnahme der betreffenden Pumpe(n) an bzw. geht der Durchfluss zurück.
Schlammverbackungen werden begünstigt durch

- zu hohe Vorlauftemperaturen (> 70 °C),

- die Heizung außen liegender Wärmetauscher auch zu Zeiten, in denen kein Schlamm fließt,

- zu geringe Fließgeschwindigkeiten im Wärmetauscher.

Durch elektrische Koppelung der Schlammumwälzpumpe und der Heizwasserpumpe muss sichergestellt werden, dass nur dann geheizt wird, wenn Schlamm durch den Wärmetauscher fließt.

Um Veränderungen rechtzeitig zu erkennen bzw. unter Kontrolle halten zu können, sind die Amperemeter der Pumpenmotoren und die Manometer auf der Pumpendruckseite regelmäßig abzulesen. Dies gilt auch für Durchflussmessgeräte, die in den Schlammleitungen eingebaut sind und nicht von der Schaltwarte aus kontrolliert werden können.

Bei merklich erhöhter Stromaufnahme (+ 5 bis 10 %) und gleichzeitig höherem Druckverlust bzw. vermindertem Durchfluss (ggf. durch Messeinrichtung angezeigt) sind die Schlammleitungen mittels Hochdruckspülung zu reinigen. Feste Ablagerungen (z.B. in Form von MAP) sind durch Säurebehandlung bzw. durch Ausfräsen zu beseitigen. Ggf. bietet es sich an, die betroffenen Leitungsabschnitte auszutauschen.

Der Stromverbrauch für Brenner und Umwälzpumpen in der Heizanlage ist zwar gering, dennoch sollten die Heizwasserleitungen regelmäßig entkalkt werden, um unnötig lange Betriebszeiten zu vermeiden.

6.2.6 Rücklaufschlammförderung

Bei der Rücklaufschlammförderung kommen in der Regel Kreiselpumpen oder Schneckenpumpen zum Einsatz. Der Stromverbrauch ist grundsätzlich abhängig von der manometrischen Förderhöhe, dem Wirkungsgrad der eingesetzten Aggregate und der Leitungsführung.

Betriebliche Ansatzpunkte zur energetischen Optimierung der Rücklaufschlammförderung liegen bei der

- Verbesserung des Wirkungsgrades der Pumpen (vgl. 6.2.4)

und

- der Verminderung des zurück geförderten Volumenstromes

Erhebliche energetische Vorteile kann ein Pumpentausch bieten:

Beispiel

Austausch einer Kreiselpumpe zur Rücklaufschlammförderung
10.000 Ausbau-EW, Förderstrom 81 m³/h, manometrische Druckhöhe
6,2 m

⇨ alte Pumpe mit Einkanalrad: Leistungsaufnahme 3,3 kW
Wirkungsgrad 41,5 %,

⇨ neue Pumpe mit Spiralrad: Leistungsaufnahme 1,83 kW
Wirkungsgrad 74,8 %,

⇨ Stromeinsparung 12.877 kWh/a

Das notwendige Rückführverhältnis wird letztendlich durch das Eindickverhalten des belebten Schlammes in der Nachklärung bestimmt. Es gilt:

$$RV = \frac{100 \cdot TS_{BB}}{TS_{RS} - TS_{BB}}$$

mit RV   Rückführverhältnis bezogen auf den Zulauf in %
     TS_{BB} Trockensubstanzgehalt in der Belebung
     TS_{RS} Trockensubstanzgehalt im Rücklaufschlamm

Das heißt, je höher der Feststoffgehalt im eingedickten Schlamm in der Trichterspitze bzw. am Boden des Nachklärbeckens, desto weniger Schlamm muss zurückgeführt werden. Wird das Eindickvermögen des belebten Schlammes nicht ausgereizt, ergeben sich unnötig hohe Rücklaufschlammströme.

> ⚠ **Vorsicht**
>
> Das Rücklaufverhältnis ist nach unten durch die Eindickfähigkeit des belebten Schlammes begrenzt. Bei einem zu niedrigem RV kommt es zur Schlammstapelung in der Nachklärung und ggf. auch zu einem Schlammabtrieb.

Bei bisher konstantem Betrieb der Pumpen wird empfohlen, das Eindickverhalten in der Nachklärung bei gedrosselter Rücklaufschlammförderung zu untersuchen (Voraussetzung: Pumpen sind regelbar bzw. bei mehreren Aggregaten abschaltbar). Dabei sollte der Schlammspiegel in der Nachklärung sorgfältig beobachtet werden. Von Vorteil ist dabei eine kontinuierliche Schlammspiegelmessung. Ansonsten können die Kontrollen mittels Sichtscheibe, einem durchsichtigen Stechrohr ausreichender Länge oder unter Verwendung einer kleinen Pumpe mit entsprechenden Markierungen am durchsichtigen Saugschlauch durchgeführt werden. Der Schlauch ist bei laufendem Betrieb der Pumpe soweit abzulassen, bis Schlamm anstelle von klarem Abwasser gefördert wird. Damit kann der Schlammspiegel auch ohne kontinuierliche Messung leicht lokalisiert werden. Weiter sollte der TS-Gehalt im Rücklaufschlamm bestimmt und die Plausibilität gemäß obiger Gleichung kontrolliert werden.

> Wenn die Regelung der Rücklaufschlammförderung proportional zum Zufluss erfolgt, kann insbesondere bei geringen Zuflüssen Energie gespart werden, ohne dass die Abwasserreinigung negativ beeinflusst wird.

Aber auch hier ist das eingestellte Rücklaufverhältnis (oft 100 % vom Zulauf) zu hinterfragen. Eine Verminderung auf 60 – 90 % ist insbesondere bei guten Schlammindizes problemlos möglich.

> **Beispiel nach [8]**
> Betrieb mit konstantem Rücklaufschlammverhältnis nach Einbau eines Frequenzumrichters
> 95.000 Ausbau-EW, Förderstrom vorher 3.343.904 m³/a, nachher 2.408.265 m³/a, manometrische Druckhöhe 1,5 m,
>
> bei Ansatz von 4 Wh/(m³ · m) errechnet sich eine Stromeinsparung von 6.160 kWh/a.

Auf eine schnelle, lineare Erhöhung der Rücklaufschlammführung bei einsetzendem Mischwasserzufluss sollte aus energetischen wie verfahrenstechnischen Gründen aber verzichtet werden. Vielmehr ist es sinnvoll, die zuflussabhängige Erhöhung der Rücklaufschlammführung nur zeitverzögert (15 – 35 Minuten) zu realisieren. Noch besser ist dabei eine kontinuierliche Schlammspiegelmessung, die, als zusätzliche Störgröße aufgeschaltet, zur Steuerung der Rücklaufschlammführung herangezogen wird. Bei einem guten Absetzverhalten kann somit bei Mischwasserzufluss auf eine Erhöhung des RLS-Stromes weitgehend verzichtet werden, ohne dass ein betriebliches Risiko besteht.

 Vorsicht

Wurde die Rücklaufschlammförderung zurückgenommen, sollte der Schlammspiegel insbesondere bei sich verschlechterndem Schlammindex weiter sorgfältig beobachtet werden. Es wird dringend davon abgeraten, ohne weitergehende Kontrolleinrichtungen das Rücklaufverhältnis unter 50 % (bezogen auf den Zulauf) abzusenken. Hier besteht dann auch die Gefahr von Schlammablagerungen in Gerinnen und Dükern.

Von Vorteil ist ein verminderter Rücklaufschlammstrom grundsätzlich bei Anlagen mit vorgeschalteter biologischer Phosphorelimination, da dann weniger Nitrat in die anaerobe Zone geführt wird.

Zur Beachtung:
Wird auf Anlagen mit vorgeschalteter Denitrifikation der Rücklaufschlammstrom vermindert, ist zur Sicherstellung einer ausreichenden Nitratrückführung im Gegenzug der interne Kreislauf zu erhöhen. Da dessen Förderhöhe in der Regel geringer ist als die des Rücklaufschlammes, bleibt ein energetischer Vorteil erhalten. Es wird allerdings dann auch mehr Sauerstoff in den unbelüfteten Bereich zurückgeführt.

6.2.7 Umwälzung von Belebungsbecken

Die Umwälzung des belebten Schlammes in Belebungsbecken durch Rührwerke erfolgt üblicherweise in unbelüfteten Phasen zur Herstellung von anaeroben bzw. anoxischen Verhältnissen mit dem Ziel einer erhöhten biologischen Phosphatelimination oder der Denitrifikation. Alternativ kann die Umwälzung auch sequentiell mit Luft erfolgen.

Verbrauchswerte von Rührwerken, die deutlich über den Referenzwerten in Kapitel 3 liegen, lassen sich auf überdimensionierte bzw. der Beckenform nicht angepasste Aggregate und/oder einen geringen Auslastungsgrad zurückführen (halbe Auslastung = doppelter EW-spezifischer Stromverbrauch, sofern das Beckenvolumen nicht reduziert werden kann).

Kurzfristig kann nur Strom gespart werden, wenn es gelingt, die Drehzahl der Rührwerke zu verringern oder die Rührwerke zumindest zeitweise abzuschalten.

Anzumerken ist, dass die Rührwerke bei der intermittierenden DN in der belüfteten Phase nicht betrieben werden sollten. Eine Ausnahme ist lediglich dann zulässig, wenn die Rührwerke auch zur Weiterförderung des Abwassers (z.B. in Rundbecken) benötigt werden. Kurzschlussströmungen zwischen Beckenzu- und -ablauf dürfen dabei keinesfalls auftreten.

Zu beachten ist, dass die Rührwerke – insbesondere bei Umlaufbecken – so „stark" auszulegen sind, dass bei einer – verfahrenstechnisch richtigen – über die Fläche ungleichmäßigen Verteilung der Belüftungselemente sowohl das Abwasser wie unter Umständen auftretender Schwimmschlamm etc. gegen die dann sich einstellenden „Belüftungsbarrieren" weiter gefördert werden können.

➡ **Rührwerksdrehzahl**

Überdimensionierte bzw. zu schnell laufende Rührwerke sind am Saugtrichter bzw. einer (stark) turbulenten Oberfläche zu erkennen.

Bei regelbaren Rührwerken kann versuchsweise die Drehzahl schrittweise verringert werden. Dabei muss eine Entmischung bzw. Sedimentation des belebten Schlammes vermieden werden. Es darf zu keinen bleibenden Ablagerungen kommen.

Kontrolle:
Vor dem Versuch Schlammvolumen an der Stelle der geringsten Oberflächenströmung bestimmen (30 min in 1-L-Standzylinder). Versuch nach jeder Drehzahlverstellung wiederholen. Bei unzureichender Umwälzung ergibt sich ein kleineres Schlammvolumen.

Sofern die Eintauchtiefe bzw. die horizontale Ausrichtung des Rührwerks verändert werden kann, sollte in diesem Zusammenhang auch nach der optimalen Lage gesucht werden.

Bei zu schnell laufenden, nicht regelbaren Rührwerken empfiehlt es sich, einen Frequenzumrichter oder ein Tauschgetriebe passender Größe zur Drehzahlanpassung zu beschaffen. Die Kosten sind vergleichsweise gering.

➡ **Abschaltung von Rührwerken und Aussetzbetrieb**

Ergibt sich beim Betrieb von mehr als zwei hintereinander angeordneten Rührwerken in einem ungeteilten Becken ein unverhältnismäßig hoher Verbrauchswert, sollte versuchsweise das eine oder andere Aggregat abgeschaltet und die Wirkung der restlichen Rührwerke beobachtet werden (Kontrolle mittels Standzylinder, siehe oben).

Bei langen Durchflusszeiten im Denitrifikationsteil (Kontaktzeit $t_K \geq 1,0$ h auf den Zufluss und alle zurückgeführten Schlammströme bezogen) kann auch ein intermittierender Betrieb der Rührwerke in Betracht gezogen werden. Durch diesen darf die Denitrifikation jedoch auf keinen Fall beeinträchtigt werden.

Weiterhin ist zu beachten, dass sich bei der (gewollten) Ausbildung einer Klarwasserzone im Ablauf des DN-Reaktors in dem nachfolgenden aeroben Beckenteil geringere TS-Gehalte im belebten Schlamm einstellen, die zu einer Verringerung des Ammoniumumsatzes in der Nitrifikationszone führen können. Der Sachverhalt ist unter den lokalen Verhältnisse zu prüfen.

Problematisch kann dies insbesondere bei einsetzendem Mischwasserzufluss sein, wenn Feststoffe zusätzlich in die Nachklärung verdrängt werden. Unter Umständen kann die Problematik einfach mit Hilfe der Automatisierungstechnik gelöst werden (Überlagerung der Zeit-Pausen-Schaltung der Rührwerke durch eine Überrangzuschaltung der Rührwerke bei Erreichen einer gewissen Wassermenge im Zulauf). Insgesamt dürfen die Stillstandszeiten keinesfalls zu groß werden.

Vorschlag:

Rührwerke von Hand zu- und abschalten, zum Beispiel 30 min Rühren, 30 min Pause, und dies mehrmals aufeinander folgend. Vor Beginn des Versuchs und danach Schlammvolumen und Nitratgehalt im Ablauf des Reaktors in einem Abstand von 5-10 Minuten kontrollieren.

Steigt der Nitratgehalt während der Rührpause bzw. zu Beginn der Rührphase an, ist zum Dauerbetrieb zurückzukehren. Falls nicht, kann die Pausenzeit versuchsweise verlängert werden.

Stellt sich heraus, dass intermittierend gefahren werden kann, eventuell auch nur zu bestimmten Tageszeiten, bietet sich die Steuerung mittels Zeitschaltuhr an. Der kurzzeitig höhere Anlaufstrom beim Wiedereinschalten kann hier vernachlässigt werden.

Beispiel
Trichterbecken 290 m³, Leistungsdichte 7,9 W/m³ Umstellung von kontinuierlichem Betrieb auf Aussetzbetrieb (30 min/30 min)
⇨ jährliche Einsparung etwa 10.000 kWh
keine Beeinträchtigung der DN durch Entmischung während der Pausenzeiten

➡ **Umwälzung mit Luft**

Die Umwälzung mit Luft ist Bestandteil einer besonderen Verfahrenstechnik, die verschiedentlich bei der intermittierenden Nitrifikation/Denitrifikation realisiert wird. In unbelüfteten Phasen wird durch eine regelmäßige, sehr kurze Belüftung (ca. 10 – 20 s) in einem Abstand von 10 – 15 Minuten der belebte Schlamm wieder in Schwebe gebracht. Aus energetischer Sicht ist diese Verfahrenstechnik gegenüber einem Rührwerksbetrieb (insbesondere bei mehreren Rührwerken) von Vorteil. Dem gegenüber stehen die manchmal etwas höheren Investitionskosten sowie im Einzelfall verfahrenstechnische Nachteile.

Eine Kosten-Nutzen-Betrachtung muss immer unter den lokalen Bedingungen erfolgen. Der Sauerstoffeintrag selbst ist bei einem sachgerechten Betrieb im Hinblick auf eine denkbare Beeinträchtigung der Stickstoffelimination vernachlässigbar.

6.2.8 Belüftung von Sandfängen

Sandfänge sind energetisch nur dann von Bedeutung, wenn sie (intensiv) belüftet werden. Stark überhöhte Verbrauchswerte lassen sich durchweg zurückführen auf:

- überdimensionierte und nicht regelbare, zum Teil auch schlecht gewartete Gebläse (häufig wird bei gedrosselter Belüftung permanent Luft über ein Überdruckventil ungenutzt abgeblasen).
- die oft unnötige bzw. zu starke Dauerbelüftung von Rundsandfängen mittels Kompressoren bzw. Gebläsen von Drucklufthebern, die eigentlich zur Sandentnahme installiert sind.

➡ **Lufteintrag reduzieren**

Bei Rundsandfängen ist zu prüfen, ob die Dauerbelüftung abgestellt werden kann. Kurzzeitiges Einblasen von Luft ein- oder zweimal am Tag bei abgeschieberter Steigleitung reicht in der Regel aus, um die abgesetzten organischen Stoffe aufzuwirbeln und auszutragen.

Zur Umwälzung eines belüfteten Sandfangs reichen erfahrungsgemäß 8 – 12 W/m³ Sandfangvolumen aus.

$$\text{Leistungsdichte in W/m}^3 = \frac{\text{Wirkleistung des Gebläsemotors in kW} \cdot 1000}{\text{belüftetes Sandfangvolumen (m}^3)}$$

Liegt der ermittelte Betriebswert deutlich darüber und kann die Drehzahl des Gebläsemotors nicht verringert werden (was meist der Fall ist), kommen folgende Maßnahmen in Betracht:

Beschaffung eines Frequenzrichters oder Tausch des womöglich alten Gebläses gegen ein kleineres Gebläse (⇨ 6.2).

zunächst versuchsweise Umstellung auf intermittierende Belüftung. Steuerung mittels Zeitschaltuhr: entweder stetiger Wechsel mit kürzeren Taktzeiten (z.B. 30 min belüften und 30 min Pause) oder Wechsel Tag/Nacht (während der Tagesstunden kann die Belüftung abgestellt werden, da sich aufgrund des höheren Durchflusses kaum organische Stoffe mit absetzen).

Kontrolle:
Sandanfall und Glühverlust des Sandes bestimmen, vor- und nachher miteinander vergleichen.

Bei kombinierten Sand-/Fettfängen mit hohem Fettanfall muss das Fett, das während der Belüftungspause im Sandfangteil aufschwimmt, durch eine Tauchwand an dessen Ablauf zurückgehalten werden.

Bei Anlagen mit Sandsammelschacht, aus dem der Sand mittels Druckluftheber entnommen wird, kann die eigentliche Sandfangbelüftung versuchsweise ganz abgeschaltet werden. Dabei ist zu prüfen, ob das kurzzeitige Einblasen von Kompressorluft ein- oder zweimal am Tag bei abgeschieberter Steigleitung ausreicht, um den Sand von den mit abgesetzten Stoffen zu trennen (Sichtkontrolle am ausgetragenen Sand).

Grundsätzlich kann nach Inbetriebnahme eines Sandwäschers die Sandfangbelüftung ganz abgestellt werden. Bei großen Aufenthaltszeiten
besteht aber unter Umständen die Gefahr, dass dann der Sandfang als
Grobentschlammung wirkt. Weitergehende Betriebserfahrungen dazu
stehen noch aus. Anzumerken ist auch, dass bei einem parallelen Betrieb
eines Fettfanges die Luftzufuhr auf jeden Fall von Vorteil ist.

Bei vielen Anlagen ist weiterhin zu überprüfen, ob das separate Sand-
fanggebläse tatsächlich notwendig ist oder alternativ die notwendige
Luft auch über die Gebläse zur Belüftung der biologischen Stufe erzeugt
werden kann. Erforderlich ist dazu eine entsprechende Stichleitung von
der Hauptluftleitung und ein Drosselorgan.

Zu beachten ist dabei auch der Betrieb der Belüftung der Belebungsbecken, d.h. Dauerbelüftung oder intermittierende Belüftung. Letztere ist
hier grundsätzlich von Nachteil, da eine Dauerbelüftung des Sandfanges
dann nur aufwändig zu realisieren und die Lösung energetisch kaum sinnvoll wäre.

➡ **Wartung Gebläse mit Peripherie**

siehe unter „Verdichter" in ⇨ 6.2.2

6.2.9   Interne Rezirkulation

Zur internen Rezirkulation kommen Kreisel- und Propellerpumpen, bei kleineren
Kläranlagen zum Teil auch Schneckenpumpen zum Einsatz, mit denen vergleichsweise gute Wirkungsgrade erreicht werden können. Der Energieverbrauch kann
gesenkt werden durch

- die Optimierung der vorhandenen Pumpen (dazu wird auf die Ausführungen
  unter ⇨ 6.2.4 verwiesen) und

- die Anpassung des Rückführverhältnisses bzw. das Abschalten der Rezirkula-
  tionspumpen

Wird zu viel Schlamm rezirkuliert, entsteht nicht nur ein unnötig hoher Energieverbrauch, durch Verkürzung der Kontaktzeit und übermäßigen Sauerstoffeintrag in die Denitrifikationszone wird auch die Denitrifikation selbst beeinträchtigt [11].

NO_3-N-Gehalte im Ablauf des DN-Beckens über 1,5 mg/L zeigen an, dass die Denitrifikationskapazität überschritten ist und (sofern kein kohlenstoffhaltiges Substrat dosiert wird) der interne Kreislauf zurückgenommen werden sollte.

Optimal ist die Ansteuerung bzw. Regelung der Kreislaufpumpen über die kontinuierliche Messung des Nitrat- bzw. NO_x-N-Gehaltes im Ablauf der Denitrifikationszone [13]. Durch Drehzahländerung bzw. Zu- und Abschaltung der Pumpen kann der NO_x-N-Gehalt im Bereich zwischen 0,5 und 1,5 mg/L gehalten und damit die DN-Kapaziät weitgehend ausgeschöpft werden.

Auf Anlagen ohne kontinuierliche NO_x-N-Messung wird empfohlen, den NO_3-N-Tagesgang im Ablauf des DN-Beckens unter Trockenwetterbedingungen zu ermitteln, entweder durch Untersuchungen an filtrierten Stichproben (die entnommenen Schlammproben sind noch vor Ort sofort zu filtrieren) oder den leihweisen Einsatz eines Online-Messgerätes. In den Zeiten mit NO_3-N-Gehalten > 1,5 - 2 mg/L – häufig werden diese während der Nachtstunden auftreten – kann der interne Kreislauf mittels Laufzeit-Pausen-Steuerung ganz abgeschaltet bzw. mittels Drehzahlveränderung (polumschaltbare Motoren, Frequenzumrichter) oder Zu- und Abschalten einzelner Pumpen entsprechend reduziert werden.

Energie kann auch allein durch Rücknahme der Rezirkulation bei erhöhtem Mischwasserzufluss eingespart werden. Die Pumpen können in diesem Fall über die Durchflussmessung angesteuert werden. Vor einer Umstellung ist allerdings der Nachweis zu führen, dass durch die Verdünnung des Abwassers sowie hohe Sauerstofffrachten im Zulauf die DN-Wirkung tatsächlich stark beeinträchtigt wird (NO_3-N-Gehalt im Ablauf DN-Becken > 1,5 – 2,0 mg/L).

Auf Kläranlagen in Obst- bzw. Weinanbaugebieten braucht während der Kampagne häufig keine gezielte Stickstoffelimination betrieben zu werden, da der ankommende Stickstoff bedingt durch die hohen BSB-Frachten im Zulauf zum überwiegenden Teil in den Überschussschlamm eingebunden wird. Daher kann die interne Rezirkulation in diesem Zeitraum ganz abgeschaltet oder zumindest deutlich zurückgenommen werden.

Vorsicht

Bei jeder Betriebsumstellung ist der Nitratgehalt im Ablauf sorgfältig zu beobachten. Dieser darf in keinem Fall merklich ansteigen. Da bei nachlassender Denitrifikation auch weniger Sauerstoff zurück gewonnen wird, können durch zu starke Reduzierung des internen Kreislaufs letztlich sogar energetische Nachteile entstehen.

6.2.10 Sonstige Einrichtungen

6.2.10.1 Allgemeines

In diesem Abschnitt werden Einrichtungen im Klärwerk angesprochen, die gewöhnlich nur wenig zum Gesamtstromverbrauch beitragen, bei denen ungünstige Voraussetzungen und/oder ein unsachgemäßer Betrieb jedoch zu sprunghaft erhöhten Verbrauchswerten führen können. In diesem Rahmen werden auch Hinweise zur Stromeinsparung bei belüfteten Abwasserteichen und Rotationstauchkörpern gegeben.

Der Reihenfolge nach werden folgende Einrichtungen betrachtet:

6.2.10.2	Regenbecken
6.2.10.3	Rechen und Siebe
6.2.10.4	Absetzbecken
6.2.10.5	Phosphatfällung
6.2.10.6	Belüftete Abwasserteiche
6.2.10.7	Rotationstauchkörper
6.2.10.8	Maschinelle Überschussschlammeindickung
6.2.10.9	Biofilter zur Abluftbehandlung
6.2.10.10	Elektroheizungen
6.2.10.11	Infrastruktur (Beleuchtung, Lüftung, Labor, Brauchwasserversorgung)
6.2.10.12	Online-Messgeräte

6.2.10.2 Regenbecken

Becken im Nebenschluss müssen mit Hilfe von Pumpen entleert werden. Dabei können durch verstopfte Laufräder und insbesondere durch verklemmte Rückschlagklappen (Sand- bzw. Kiesablagerungen) hohe Verluste auftreten. Die Folge davon sind längere Entleerungszeiten und in Verbindung damit auch längere Laufzeiten von Rührwerken oder Tauchstrahlbelüftern.

> Die Stromaufnahme der Entleerungspumpen ist daher sorgfältig zu kontrollieren (Amperemeterablesung). Auch um Motorschäden vorzubeugen sind Verstopfungen umgehend zu beseitigen und Rückschlagklappen gängig zu machen.

> Grundsätzlich ist zu prüfen, ob nicht der Teil des Regenbeckeninhalts, der über dem Wasserspiegel im Ableitungskanal liegt, im freien Gefälle entleert werden kann und daher nicht abgepumpt werden muss.

Zur Sauberhaltung von Regenbecken werden neben Spülkippen auch Rührwerke und Tauchstrahlbelüfter eingesetzt.

> Grundsätzlich ist zu prüfen, ob die Betriebszeiten dieser Aggregate nicht durch Absenkung des Einschaltniveaus verkürzt werden können.

> Strahlreiniger mit ihrer hohen Leistungsaufnahme sollen nach Möglichkeit schwenkbar angeordnet bzw. gemacht werden. Dadurch kann die Betriebszeit verkürzt werden.

6.2.10.3 Rechen und Siebe

Ein überdurchschnittlich hoher Stromverbrauch lässt sich meist durch sehr kurze Räumintervalle oder den Dauerbetrieb der Rechen bzw. Siebe und ihrer Peripherie (Förderbänder bzw. -schnecken, Pressen, Wäscher) erklären. Dem kann ggf. entgegengewirkt werden durch:

> Vergrößerung der eingestellten Differenz der Wasserspiegel vor und nach dem Rechen/Sieb (schrittweise um zum Beispiel 3 – 5 cm),

- Der Rückstau darf nicht zu Ablagerungen vor dem Rechen/Sieb oder zum Anspringen eines oberhalb liegenden Überlaufs führen,

- die Rechen bzw. Siebwirkung darf nicht beeinträchtigt werden,

- die Sandfangwirkung darf durch hydraulische Stöße bei einsetzender Rechenräumung nicht beeinträchtigt werden

regelmäßige Entfernung von Sandablagerungen vor dem Rechen bzw. Sieb, die einen Dauerstau bewirken,

konstruktive Verbesserungen im Falle von Gegenstromrechen, bei deren Räumung ein erheblicher Teil des Rechenguts vor dem Rost in das Gerinne zurückfällt,

Entkoppelung von Rechen- bzw. Siebräumung und der Peripherie. Häufig reicht es aus, wenn Fördereinrichtungen und Pressen z.B. nur bei jedem vierten Räumvorgang oder noch seltener zuschalten und dadurch auch mechanisch weniger beansprucht werden.

Reduzierung der Nachlaufzeit der Transporteinrichtungen und der Pressen.

Sofern Rechen- bzw. Siebanlagen gegen Einfrieren geschützt werden müssen, kann Strom eingespart werden, wenn die unter 6.2.10.10 gegebenen Hinweise beachtet werden.

Das Rechen- bzw. Siebgut ist häufig die Ursache von Geruchsproblemen. Zur Geruchsbekämpfung wird verschiedentlich die belastete Luft unter hohem energetischem Aufwand mittels Ventilatoren oder Gebläsen aus dem Rechen- oder Siebbereich abgesaugt und einer Behandlungsstufe zugeführt (s. dazu auch unter 6.2.9.10 Biofilter).

Im Einzelfall ist zu prüfen, ob eine Abluftbehandlung zwingend notwendig ist, oder die Geruchsproblematik nicht durch Absacken des gepressten Rechen- oder Siebgutes ausreichend entschärft werden kann. Dazu bieten sich Endlossäcke aus Kunststoff an, die am Ende des Pressrohres befestigt werden.

6.2.10.4 Absetzbecken

In der Vorklärung ist ein Dauerbetrieb des Räumers in der Regel nicht erforderlich.

Es sind möglichst lange Räumintervalle anzustreben. Die Räumpausen dürfen allerdings nicht so lang werden, dass angefaulter Bodenschlamm aufschwimmt.

Schwimmschlammabzugspumpen in der Nachklärung bleiben häufig unnötig lang eingeschaltet. Durch Dauerbetrieb kann insbesondere bei kleineren Kläranlagen ein unverhältnismäßig hoher Stromverbrauch entstehen.

Bei mäßiger Schwimmschlammbildung ist auf intermittierenden Pumpbetrieb mittels Zeitschaltuhr umzustellen. Tritt kein Schwimmschlamm mehr auf, darf nicht vergessen werden, die Pumpe ganz abzuschalten.

Weiter sind die Abzugseinrichtungen so einzustellen, dass möglichst wenig Wasser mit dem Schwimmschlamm entfernt wird.

Auch das Besprühen der Beckenoberfläche mit Wasser zur Schaumbekämpfung bzw. zur Unterstützung des Schwimmschlammabzugs sollte nur bei Bedarf erfolgen.

Die Betriebszeiten rotierender Bürsten zur Rinnenreinigung bei Nachklärbecken sind ebenfalls so kurz wie möglich zu halten (auch weil der Ersatz verschlissener Bürsten relativ teuer ist).

Bei zwei bis drei Räumerumdrehungen pro Tag ist in der Regel eine ausreichende Rinnenreinigung gewährleistet. Ggf. empfiehlt sich der Einbau einer Zeit-Pausen-Steuerung.

Bei unsachgemäßem Betrieb kann auch die elektrische Beheizung der Räumer-laufbahn ins Gewicht fallen.

Die Beheizung muss temperaturgesteuert erfolgen. Der Thermostat ist sorg-fältig einzustellen und regelmäßig auf korrekte Funktion zu prüfen.

Eine Strom sparende Alternative zur Fahrbahnbeheizung ist der Einsatz ei-nes flüssigen Enteisungsmittels, das über einen Behälter, der an der Räu-merbrücke befestigt ist, direkt auf die Laufbahn dosiert wird.

Der Primärschlamm wird in der Regel nach einem festen Zeitprogramm abgezo-gen. Bleiben die Primärschlammpumpen zu lange eingeschaltet, bedeutet dies nicht nur einen unnötigen Stromverbrauch, sondern auch eine unnötige hydrau-lische Belastung des Eindickers, da ab einer bestimmten Zeit nur noch sehr dün-ner Primärschlamm bzw. nur noch Wasser abgezogen wird.

Das Zeitprogramm für den Primärschlammabzug (Häufigkeit und Länge der Abzugszeiten) ist sorgfältig an den Schlammanfall anzupassen. Dazu ist es erforderlich, regelmäßig Feststoffbestimmungen im Primärschlamm über die Dauer des jeweiligen Abzugsintervalls durchzuführen.

Von Vorteil ist in diesem Zusammenhang die kontinuierliche Messung des Feststoffgehalts in der Primärschlammleitung, die es ermöglicht, die Ab-zugspumpe bei Unterschreitung eines festgelegten Grenzwertes automa-tisch abzuschalten. In Zusammenhang mit der Häufigkeit und dem Beginn der Abzugsintervalle sind die Räumzyklen mit zu beachten.

6.2.10.5 Phosphatfällung

Der Stromverbrauch der Dosierstation für Fällmittel ist vernachlässigbar, sofern der Tankinhalt nicht mittels vergleichsweise leistungsstarker Pumpen kontinuier-lich umgewälzt wird. In diesem Fall ist zu prüfen, inwieweit der Stromverbrauch reduziert werden kann durch

Umstellung von kontinuierlicher Umwälzung auf intermittierenden Betrieb,

- Verringerung der Pumpendrehzahl oder

- Austausch der Umwälzpumpe gegen ein kleineres Aggregat.

6.2.10.6 Belüftete Abwasserteiche

Überdurchschnittlich hohe Verbrauchswerte [> 40 kWh/(EW · a)] lassen sich in der Regel durch übermäßige Belüftung und/oder eine geringe Auslastung erklären. Die Belüftung erfolgt mittels Linienbelüftung, Belüfterketten, Oberflächenbelüftern oder mechanischen Belüftern (Strahlbelüfter, Belüfterwalzen).

Bei unterbelasteten Anlagen mit nur einem in Betrieb befindlichen Gebläse kommen folgende Ansätze zur Stromeinsparung in Betracht:

- Verringerung der Gebläsedrehzahl

bzw. falls dies (wie in den meisten Fällen) nicht oder nur begrenzt möglich ist,

- Umstellung auf intermittierende Belüftung (Steuerung mittels Zeitschaltuhr), durch die sich erheblich Strom einsparen lässt. Wird bereits intermittierend belüftet, ist das Zeitprogramm zu optimieren (längere Belüftungspausen)

- Beschaffung eines Frequenzrichters oder Tausch des Verdichters gegen ein kleineres Aggregat.

- Erfolgt die Luftversorgung durch mehrere Gebläse gleichzeitig, bietet es sich an, zunächst versuchsweise das eine oder andere Aggregat abzuschalten. Außerdem ist in diesem Zusammenhang zu prüfen, ob bzw. welche Belüfterelemente oder -ketten stillgelegt werden können.

Werden Oberflächenbelüfter oder mechanische Belüfter zur Teichbelüftung eingesetzt, sind auch diese intermittierend zu betreiben bzw. sind versuchsweise die Belüftungspausen zu verlängern, falls die Drehzahl nicht oder nicht weit genug reduziert werden kann.

Bei allen betrieblichen Umstellungen ist die Ablaufqualität durch Eigenkontrollmessungen in kürzeren Abständen sorgfältig zu beobachten. Ggf. sind die Umstellungen rückgängig zu machen.

6.2.10.7 Rotationstauchkörper

Bei Rotationstauchkörpern (meist Scheibentauchkörpern) reduziert sich der Stromverbrauch in der Regel auf den Antrieb der Walzen. Da deren Drehzahl bzw. Leistungsaufnahme (≤ 1 kW pro Walze) unabhängig vom Durchfluss konstant ist, steigt der einwohnerspezifische Stromverbrauch mit abnehmender Anlagenbelastung deutlich an.

Bei sehr gering belasteten Anlagen ist zu prüfen, ob die eine oder andere Walze durch Abschiebern der Tröge und Umleitung des Abwassers außer Betrieb genommen werden kann. Ggf. ist die Zustimmung der Aufsichtsbehörde einzuholen.

In jedem Fall ist die Ablaufqualität durch Eigenkontrollmessungen in kürzeren Abständen sorgfältig zu überwachen.

Bis zu einer endgültigen Entscheidung sollten die abgekoppelten Walzen in ihrer gefüllten Wanne weiter rotieren. Werden Walzen stillgelegt, sind deren Tröge zu entleeren.

Bei Anlagen mit nachgeschaltetem Mikrosieb (Fangomat), das häufig durch die Scheibentauchkörperwelle mit angetrieben wird, ist besondere Aufmerksamkeit auf die vergleichsweise leistungsstarke Abspritzpumpe zu richten. Deren Betriebszeit steigt mit zunehmender Verstopfung der Siebbespannung.

Der Durchflusswiderstand muss durch sorgfältige Kontrolle und Wartung des Spülsystems sowie durch regelmäßige chemische Reinigung der Gewebe gemäß Betriebsanweisung möglichst niedrig gehalten werden. Bei mangelnder Wartung kann der Stromverbrauch der Abspritzpumpe den des Walzenantriebs leicht um ein Vielfaches übersteigen!

Entsprechendes gilt für nachgeschaltete Tuchfilter, bei denen die Tücher nicht abgespritzt, sondern durch eine Pumpe abgesaugt werden.

6.2.10.8 Maschinelle Überschussschlammeindickung

Zur maschinellen ÜS-Eindickung werden in der Regel Dekantierzentrifugen, Bandfilter oder Siebtrommeln eingesetzt. Der Stromverbrauch ergibt sich durch den Antrieb der Entwässerungsaggregate, die Förderung von Dünnschlamm, Dickschlamm und ggf. des Zentrates sowie die Aufbereitung und Dosierung von Flockungshilfsmitteln. Zentrifugen brauchen gegenüber den anderen Maschinen das Zwei- bis Dreifache an Strom.

Einsparungen können im Wesentlichen nur über eine Verringerung der Laufzeit der Beschickungspumpen und der Entwässerungsaggregate erreicht werden. Dies setzt jedoch voraus, dass der TS-Gehalt vor dem Entwässerungsschritt erhöht und dadurch die zu entwässernde Schlammmenge verringert wird. Ansätze dazu sind

Verbesserung der Schlammeindickung in der Nachklärung in Verbindung mit einer reduzierten Rücklaufschlammförderung (⇨6.2.6)

Beispiel
Eine Erhöhung des TS-Gehaltes im Rücklaufschlamm von 6 g/L auf 7 g/L bedeutet, dass 14 % weniger Überschussschlamm maschinell eingedickt werden müssen.

(Falls vorhanden) Optimierung der statischen Überschussschlammeindickung vor der maschinellen Eindickung durch Einsatz von Flockungshilfsmitteln. Damit sind Feststoffgehalte von 2 – 3 % bzw. 20 – 30 g/L erreichbar.

Der Verstopfungsneigung von Trommeln und Siebbändern ist durch die Sicherstellung einer wirksamen Abspritzung und die möglichst knappe Dosierung des Flockungshilfsmittels entgegenzuwirken. Bei Überdosierung verschleimen die Gewebe. Unter Umständen muss auch das Flockungshilfsmittel gewechselt werden.

6.2.10.9 Biofilter zur Abluftbehandlung

Strom verbrauchende Aggregate bei der Abluftbehandlung sind Ventilatoren bzw. Gebläse, welche die Abluft an der Geruchsquelle absaugen und den Filtern zuführen. Der Verbrauch selbst wird durch den Förderstrom und die Einschaltzeiten der Verdichter sowie durch den Leitungs- und vor allem den Filterwiderstand bestimmt. Alle genannten Größen sind so gering wie möglich zu halten.

In diesem Sinne sollte der Abluftförderstrom versuchsweise vermindert werden. Dies gilt insbesondere im Falle schlecht wirkender, weil überlasteter Filter mit Flächenbeschickungen > 80 – 100 m/h. Allerdings darf dadurch das Geruchsproblem nicht an die Geruchsquelle zurückverlagert werden.

Hinweis zur Berechnung, falls der Abluftstrom gemessen wird oder anhand von Kennlinien abgeschätzt werden kann:

$$\text{Flächenbeschickung eines Filters in m/h} = \frac{\text{Abluftstrom in m}^3/\text{h}}{\substack{(\text{Länge} \cdot \text{Breite des Filters}) \\ \text{jeweils in m}}}$$

Lässt sich die Drehzahl des Verdichters nicht verstellen, sollte dazu ein Frequenzumrichter beschafft werden.

In vielen Fällen ist ein Dauerbetrieb der Verdichter nicht erforderlich. Bei nur zeitweise in Betrieb befindlichen Zentrifugen oder Pressen sind die Ventilatoren bzw. Gebläse zeitgesteuert spätestens 30 - 60 min nach Beendigung des Entwässerungsschrittes abzuschalten. Allerdings ist im Winter eine geringe Dauerbelüftung aufrecht zu erhalten, durch die verhindert wird, dass die Temperatur im Filter unter 10 °C abfällt.

Zur Vermeidung von Geruchsproblemen im Bereich der Rechen- oder Siebanlage wird auf 6.2.10.3 verwiesen.

Der Filterwiderstand setzt sich aus dem Widerstand des Filtermaterials sowie dem des Filterbodens zusammen. Da sich das Filtermaterial durch Abbauvorgänge mit der Zeit verdichtet, steigt der Widerstand langsam aber stetig an.

Die Anzeige des Manometers auf der Druckseite des Verdichters ist regelmäßig (monatlich) abzulesen und zu dokumentieren. Ggf. ist ein Manometer nachträglich einzubauen (obere Messbereichsgrenze nicht über 100 mbar!).

Überschreitet der Druckverlust einen Wert von 30 hPa (= 30 mbar oder 30 cm WS), sollte das dann entsprechend weit abgesackte Filtermaterial ausgetauscht werden. Dabei ist der Filterboden auf seinen Zustand hin zu begutachten und ggf. sorgfältig zu reinigen. Textile Unterlagen sind vorsorglich zu erneuern.

Das Filtermaterial darf nicht direkt begangen werden, da es sonst örtlich stark verdichtet wird. Im Bedarfsfall müssen zur Verteilung des Körpergewichtes vorher Gitterroste oder Schaltafeln auf der Filteroberfläche verlegt werden.

6.2.10.10 Elektroheizungen

Elektrische Heizgeräte werden zur Raumheizung (auf Anlagen ohne Faulgaserzeugung und -verwertung) sowie zur Heizung von abwassertechnischen Einrichtungen im Winterbetrieb eingesetzt.

Auf kleineren Anlagen entfällt nicht selten bis zu einem Viertel (!) und mehr des jährlichen Gesamtstromverbrauchs auf Heizgeräte. Hinter hohen spezifischen Verbrauchswerten steckt meist Gedankenlosigkeit und/oder Unwissen. Die Beachtung der folgenden Hinweise kann unter Umständen zu deutlichen Einsparungen führen.

Die Raumtemperatur beheizter Betriebsgebäude, Maschinenhallen, Werkstätten etc. ist tagsüber so niedrig wie möglich zu halten. Nach Betriebsschluss ist die Heizung weiter abzusenken.

Elektroradiatoren oder –strahler in Rechengebäuden sollten so ausgelegt und angeordnet werden, dass sie gerade nur die empfindlichen Stellen (Rechen, Transportbänder, Presse etc.) schützen, nicht aber das gesamte Gebäude aufheizen. Dabei ist wegen Brandgefahr auf einen ausreichenden Sicherheitsabstand zu achten.

Um den Dauerbetrieb der Heizgeräte zu vermeiden, sind diese über die Außentemperatur bzw. die Raumtemperatur gesteuert zu- und abzuschalten. Dies sollte auf möglichst niedrigem Temperaturniveau geschehen.

Auch alle Heizbänder, die zum Schutz gegen das Einfrieren der Räumerlaufbahnen von Absetzbecken, von Sand- und Schlammsilos sowie von flüssigkeitsgefüllten Leitungen installiert sind, müssen mittels Außentemperatursteuerung betrieben werden. Auch hier sind die Ein- und Ausschalttemperaturen möglichst niedrig zu halten

Durch Installation von Gummi- oder Lederschürzen in offenen Zu- und Ablaufgerinnen von eingehausten Rechen kann einer Auskühlung im Winter vorgebeugt und damit der Heizbedarf verringert werden.

Durch Einleiten bzw. Einblasen erwärmter Luft aus der Gebläse- oder Gasmotorenstation in das Rechengebäude oder andere unbeheizte Räume kann Heizenergie eingespart werden. Bei günstiger räumlicher Zuordnung können die notwendigen Installationen eventuell auch in Eigenregie durchgeführt werden. Die Exschutzvorschriften sind zu beachten.

Bei hohen Verbrauchswerten ist die Umstellung von Elektroheizung auf Warmwasserheizung zu prüfen, sofern das Rechengebäude mit vertretbarem Aufwand an ein BHKW bzw. eine Heizkesselanlage angeschlossen werden kann.

6.2.10.11 Infrastruktur (Beleuchtung, Lüftung, Labor, Brauchwasserversorgung)

Bei mittleren und größeren Anlagen liegt der Anteil der Innen- und Außenbeleuchtung am Gesamtstromverbrauch mehr oder weniger deutlich unter 1 %. Auch bei kleinen Kläranlagen erreicht er allenfalls wenige Prozent. Gleiches gilt für den Stromverbrauch von Lüftungseinrichtungen und im Betriebslabor.

Auch wenn das Einsparpotential in diesen Bereichen äußerst gering ist, sollte im einzelnen geprüft werden, ob folgende Anregungen befolgt werden können bzw. bereits umgesetzt sind:

- Keine Dauerbeleuchtung in nicht besetzten Räumen

- Einsatz von Energiesparlampen

- In Gängen, Rohrkanälen etc. Bewegungsmelder installieren (für Arbeiten in diesen Räumen müssen Überbrückungsschalter vorgesehen werden)

- Unnötige Außenbeleuchtung vermeiden: Beleuchtung lichtabhängig zu- und abschalten bzw. durch Dämmerungsschalter verringern

- Installierte Lüfter mittels Zeitprogramm vorübergehend auf einer niederen Stufe betreiben oder ganz abschalten (z.B. außerhalb der Arbeitszeit)

> ⚠️ **Vorsicht**
>
> In Räumen mit Ex-Gefahr muss der notwendige Luftaustausch sichergestellt werden.

- Rechner und Bildschirme nur falls unumgänglich im Stand-by-Betrieb halten

- Ggf. in regelmäßigen Abständen prüfen, ob die Voraussetzungen für den notwendigen Dauerbetrieb von Lüftern (z.B. in Räumen, in denen leichtentflammbare Materialien lagern) noch gegeben sind. Falls nicht, sind die Lüfter abzuschalten

- Eventuell vorhandene Klimaanlage (Leistungsbedarf mehrere kW !) gezielt nur an den meist wenigen Tagen im Jahr einschalten, an denen sie wirklich gebraucht wird

- Muffelofen im Labor (zur Bestimmung des Glühverlusts von Schlämmen) nicht ständig in Betrieb halten, sondern nur bei Bedarf einschalten

Zur Brauchwasserversorgung werden üblicherweise Hochdruck-Kreiselpumpen
eingesetzt. Für deren Auslegung sind Durchsatz und Wasserdruck sowie die Ab-
nahmepunkte von Bedeutung. Wesentliche Verbrauchsstellen sind in der Regel
die Rechenanlage sowie die Schlammentwässerung. Zu groß dimensionierte
Pumpen führen zu einem übermäßigen Stromverbrauch. Es wird daher empfohlen, bei einem Austausch bzw. einer Neuplanung des Brauchwasserpumpwerks
die benötigten Grunddaten (Wassermenge, Leitungsdruck) sehr sorgfältig zu ermitteln.

6.2.10.12 Online-Messgeräte

Der Strombedarf der Messgeräte selbst ist vernachlässigbar gering. Soweit möglich sollten Messgeräte in Sondenform eingesetzt werden, da hier nur der in der
Regel schon geschützt ausgelieferte Messumformer außerhalb des Abwasser-
stromes installiert wird und somit weder eine Probenzuführung noch eine Klimatisierung erforderlich wird. Bei trocken aufgestellten Prozessanalysengeräten
fallen dagegen je nach System noch folgende, ggf. energieintensive Peripherie-
einrichtungen an:

- Heizung, Kühlung oder Klimatisierung des Unterbringungsraumes (nach
  Maßgabe der Herstellerforderungen bezüglich Umgebungstemperatur)
- Probenzuführung und
- Probenvorbehandlung

Ziel muss immer sein, mit möglichst geringen Förderströmen über kurze Stre-
cken auszukommen. Dabei kommt der Auswahl von Probenahmeort und Auf-
stellungsort des Messgerätes ebenso große Bedeutung zu, wie der richtigen

Wahl des Systems der Probenzuführung und Probenvorbehandlung. Hinweise dazu sind dem DWA-Merkblatt M-269 [14] zu entnehmen. Obwohl die Art der Probenvorbehandlung vor allem vom Gerätesystem, der Messstelle und dem zu bestimmenden Parameter abhängt, darf der notwendige Energieeinsatz nicht vernachlässigt werden.

Die üblichen Systeme können dabei wie folgt eingeteilt werden:

- Geringer Energiebedarf:
  Geräte ohne Probenvorbehandlung und Sedimentationsverfahren

- Mittlerer Energiebedarf:
  Papierbandfilter, Siebanlagen und kleine Membranfiltrationseinrichtungen etc.

- Hoher Energiebedarf:
  Ultrafiltration und Anschwemmfiltration

Beispiel
Allein eine Pumpe zur Beschickung einer Ultrafiltrationsanlage verbraucht aufgrund eines Leistungsbedarfes von mindestens 1,5 kW (Druckhöhe 2 bar, Mindestförderstrom 7 m³/h) bei Dauerbetrieb jährlich mehr als 13.000 kWh

Es wird deshalb empfohlen, nach Möglichkeit energieärmere Verfahren einzusetzen. Insbesondere bei Messungen im Ablauf einer gut funktionierenden Nachklärung reicht zum Schutz der Geräte zudem oft ein Kraftstofffilter in der Probenzuleitung aus.

Von Vorteil ist auch, wenn das Filtrat bzw. Permeat einer Probenvorbehandlung für mehrere Messgeräte genutzt werden kann (vgl. die Betriebshinweise nach DWA-M-269 [14]).

Aus energetischer Sicht ist der dezentralen Anordnung von Messgeräten gegenüber einer zentralen Anordnung mit langen Förderwegen der Vorzug zu geben.

6.2.11 Allgemeine Anmerkungen zu Elektromotoren

Der Gesamtwirkungsgrad von Pumpen, Gebläsen und anderen maschinellen Einrichtungen wird durch den Wirkungsgrad des antreibenden Motors (η_M) mehr oder weniger stark beeinflusst

$$\eta_M \ (\%) = \frac{\text{abgegebene Leistung an der Motorwelle in kW}}{\text{aufgenommene Leistung aus dem Netz (Wirkleistung) in kW}}$$

Der Nennwirkungsgrad[1] von Drehstrommotoren hängt von der Größe der Motoren ab und reicht von etwa 80 % (1,5 kW Nennleistung) bis etwa 95 % (> 100 kW). Kleine Motoren sind dadurch – aus energetischer Sicht – von vornherein benachteiligt.

Abweichungen vom Nennwirkungsgrad nach unten ergeben sich sowohl im Teillastbetrieb der Motoren als auch bei deren Überlastung.

Die meisten Antriebsmotoren sind überdimensioniert, da sie nicht für ihre Nutzungsdauer, sondern für das Planziel der Kläranlage ausgelegt sind und dabei noch erhebliche Sicherheitszuschläge gemacht wurden. Dies gilt insbesondere für den Leistungsbereich < 10 kW. Sinkt die Belastung eines Motors unter 50 % der Nennbelastung, fällt auch der Wirkungsgrad um bis zu 10 % und mehr.

Die Auslastung eines Motors f_{TL} kann wie folgt bestimmt werden:

$$f_{TL} \text{ in } \% = \frac{\text{Wirkleistung in kW} \cdot 100}{\text{Nennleistung in kW}}$$

Die Nennleistung steht auf dem Typenschild. Die tatsächliche Wirkleistung kann mittels Leistungsmesszange direkt gemessen oder rechnerisch ermittelt werden (⇨Kapitel 4). Bei veränderlicher Drehzahl ist durch wiederholte, repräsentative Messungen die mittlere Auslastung zu bestimmen.

---

[1] Nennwirkungsgrad = Wirkungsgrad bei Nennleistung gem. Typenschild

Beispiel

Ermittlung der Auslastung eines Gebläsemotors bei maximal erforderlicher Luftzufuhr:

Nennleistung 21 kW, gemessene Wirkleistung 15,2 kW,

⇨ Teillast f_{TL} = [15,2 : 21] · 100 = 72,4 %

Sofern die entsprechende Motorkennlinie des Herstellers vorliegt oder beschafft wird, kann daraus unmittelbar der Motorwirkungsgrad bei gegebener Teillast f_{TL} abgelesen werden.

Bei andauernd stark unterbelastetem Motor ist dessen Tausch gegen einen kleineren Motor in Betracht zu ziehen (⇨6.3)

Überlastete Elektromotoren sind an einer erhöhten Stromaufnahme (angezeigt durch das zugehörige Amperemeter) sowie einer übermäßigen Erwärmung und ggf. abnormalen Geräuschen erkennbar. Als Ursache kommen nicht nur Störungen auf Seiten der angetriebenen Maschine in Betracht, sondern auch eine zu hohe oder zu niedrige Spannung, der Ausfall einer Phase, die falsche Schaltung der Ständerwicklung oder auch eine unzureichende Lüftung. Motorgeräusche bei gleichzeitig starker Erwärmung sowie Vibrationserscheinungen deuten auf Unwuchten oder Lagerschäden hin. Kurzschlüsse innerhalb der Wicklungsteile sind an einem brummenden, ebenfalls schnell heiß werdenden Motor sowie an brenzligem Geruch erkennbar. In allen genannten Fällen ist der Motor umgehend durch eine Elektrofachkraft zu überprüfen.

Die mangelnde bzw. unsachgemäße Wartung kann zur Beeinträchtigung des Wirkungsgrads führen, etwa durch

- zu stark gespannte oder zu lose Keilriemen, ausgelaufene Rillen und falsches Riemenprofil

- erhöhten Verschleiß von Lagern durch zuviel oder zuwenig Fett, eingedrungene Fremdkörper, zu kleines Lagerspiel, zu große Riemenspannung, schlecht ausgerichteten Motor (in diesen Fällen werden die Lager über 80 °C heiß)

- verstaubte bzw. verstopfte Kühlluftwege

Bei einem polumschaltbaren Motor besteht die Möglichkeit, die Drehzahl durch die Anzahl der Wicklungen des Motors im Voraus festzulegen. Somit können zwei feste Drehzahlen über eine Schützsteuerung vorgewählt werden.

Bei einem Frequenzumrichterbetrieb ist der Drehzahlbereich innerhalb gewisser Grenzen (15 – 100 %) variabel. Vorteile gegenüber dem polumschaltbaren Motor bieten die regelbare, weitgehende Ausnutzung des Förderbereiches des jeweiligen Aggregates sowie die Beeinflussung des An- und Ablaufverhaltens des Motors.

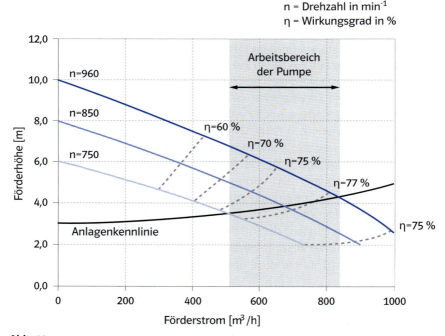

n = Drehzahl in min^{-1}
η = Wirkungsgrad in %

Abb. 12:
Arbeitsbereich und Wirkungsgrad einer Pumpe bei Einsatz eines Frequenzumrichters (aus [8])

Aus Abb. 12 ist der Vorteil des Frequenzumrichterbetriebes abzulesen. Bei einer Verminderung der erforderlichen Fördermenge erfolgt die Anpassung durch eine Reduzierung der Drehzahl und Förderhöhe bei weitgehender Beibehaltung des optimalen Wirkungsgrades. Dies führt zu einem geringeren Leistungsbedarf im Vergleich zu einer Drosselregelung.

Beim Einsatz von Frequenzumformern sind neben den drehzahlabhängigen Motorverlusten auch die Verluste der Umformer selbst mit zu berücksichtigen. Diese reichen von etwa 2 % bei großen bis etwa 8 % bei kleinen Motoren.

> Wird ein Motor (vorübergehend) nicht mehr geregelt, ist der Frequenzumformer zu überbrücken.

> Der Leistungssteller für einen Sanftanlauf zur Senkung des Anlaufstroms verursacht einen wenn auch nur geringen zusätzlichen Verlust (ca. 3 W pro Ampere) und ist daher nach dem Hochfahren zu überbrücken.

> Von Zeit zu Zeit ist sorgfältig zu prüfen, welche der vorhandenen Steuerkomponenten derzeit nicht mehr benötigt werden. Diese sind abzuschalten bzw. zu überbrücken, um Leerlaufverluste zu vermeiden.

6.3 Ersatzbeschaffungen

Deutliche Einsparungen können auch im Zuge von Ersatzbeschaffungen erreicht werden, die anstehen, wenn

- sich defekte Maschinen (vor allem Pumpen und Gebläse) bzw. durchgebrannte Elektromotoren nicht mehr reparieren lassen oder deren Reparatur sich nicht lohnt,

- ältere Aggregate, die zunehmend störanfällig geworden sind, aus Gründen der Betriebssicherheit vorsorglich ausgetauscht werden müssen,

- die Überprüfung von Maschinen oder Motoren einen sehr niedrigen Wirkungsgrad bzw. einen unverhältnismäßig hohen Stromverbrauch ergibt,

- Belüfterelemente irreversibel verstopft sind.

In den beiden ersten Fällen sollte entgegen der üblichen Praxis nicht automatisch die gleiche Pumpe oder der gleiche Motor nachbestellt werden. Vielmehr ist zu prüfen, ob nicht ein kleineres Aggregat mit vielleicht sogar höherem Wirkungsgrad denselben Zweck erfüllen kann.

Da nach einem plötzlichen Ausfall nicht immer ausreichend Zeit bleibt, sollten die betriebswichtigen Maschinen und Motoren im laufenden Betrieb gelegentlich auf ihre aktuelle Belastung hin überprüft und Wirkungsgradkontrollen vorgenommen werden (⇨Abschnitt 3.3 bzw. ⇨6.2.10). Mit Hilfe entsprechender Informationen kann dann die notwendige Spezifikation der Tauschaggregate vorsorglich festgelegt werden.

Ersatzaggregate mit anderen Abmessungen müssen in die vorhandene Peripherie eingebunden werden, was stets einen zusätzlichen Installationsaufwand bedeutet. Bei Wirtschaftlichkeitsbetrachtungen sind die Kosten dafür mit zu berücksichtigen.

Die Auslegung von Maschinen und Motoren sollte grundsätzlich dem Fachingenieur vorbehalten bleiben. In einfach gelagerten Fällen muss das Betriebspersonal jedoch in der Lage sein, die richtige Wahl zu treffen. Ansonsten gehört es zu seinen Aufgaben, Ersatzbeschaffungen in die Wege zu leiten und notwendige Vorarbeiten zu erledigen.

Im Folgenden werden dazu beispielhaft einige Hinweise gegeben.

➡ **Kriterien für den Ersatz von Kreiselpumpen**

Der unverhältnismäßig geringe Wirkungsgrad einer Kreiselpumpe zeigt an, dass ihr Betriebspunkt deutlich vom Auslegepunkt abweicht (s. dazu auch Abb. 11 unter 6.2.4.3). Der Betriebspunkt stellt sich immer als Schnittpunkt der Pumpenkennlinie mit der Rohrkennlinie ein, ist also der Wert, bei dem Gleichgewicht zwischen der von der Pumpe erzeugten Druckhöhe und dem gesamten Druckhöhenverlust in der Rohrleitung herrscht (Abb. 13).

Aus der Pumpenkennlinie (auch Drosselkurve) ist abzulesen, wie sich der Förderstrom mit der Förderhöhe ändert. Die Rohrkennlinie (auch Anlagenkennlinie) gibt Aufschluss darüber, wie sich die manometrische Druckhöhe in Abhängigkeit vom Förderstrom verändert.

Manometrische Druckhöhe = geodätische Förderhöhe (Höhenunterschied zwischen saug- und druckseitigem Wasserspiegel) + Reibungsverluste in der Rohrleitung, den Armaturen und Formstücken etc. Die Reibungsverluste steigen jeweils im Quadrat zum Förderstrom an).

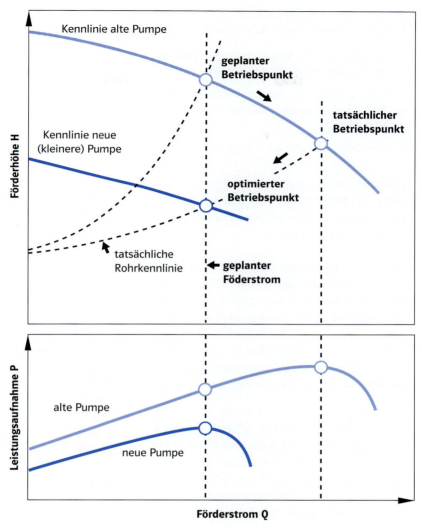

Abb. 13:
Pumpen und Rohrkennlinien bei unterschiedlich großen Pumpen

Bei unzutreffenden Annahmen oder zu groß gewählten Sicherheitszuschlägen im Zuge der planerischen Ermittlung der Rohrkennlinie stellt sich im Betrieb ein größerer Förderstrom ein als vorgesehen (der Betriebspunkt wandert auf der Pumpenkennlinie nach rechts, s. Abb. 13). Um nachträglich noch den gewünschten Förderstrom zu erreichen, muss der Betriebspunkt nach links verschoben werden. Dies läßt sich prinzipiell erreichen durch

- Veränderung der Rohrkennlinie, z.B. durch Drosselung mittels Schieber in der Druckleitung (hohe Verluste)

- Veränderung der Pumpenkennlinie, z.B. durch Abdrehen des Laufrads (⇨6.2.3, geringe Verluste) oder mittels Drehzahlverminderung (geringste Verluste)

- eine kleinere Pumpe im Zuge einer Ersatzbeschaffung (Abb. 13)

Die Beschaffung einer neuen Pumpe setzt voraus, dass neben dem vorgegebenen Förderstrom auch die manometrische Förderhöhe bekannt ist. Diese kann ggf. mit Hilfe eines Manometers auf der Druckseite der vorhandenen Pumpe ermittelt werden.

Soll die alte Pumpe, die zu groß ist und daher ständig mit verminderter Drehzahl gefahren wird, durch eine kleinere Pumpe mit demselben Förderstrom ersetzt werden, kann die manometrische Förderhöhe direkt am Manometer abgelesen werden. Soll die neue Pumpe auf einen anderen Förderstrom ausgelegt werden, kann die maßgebende Förderhöhe auf dem Umweg über die Rohrkennlinie ermittelt werden, vorausgesetzt, die alte Pumpe lässt sich mit veränderlicher Drehzahl betreiben, eine Durchflussmesseinrichtung ist vorhanden und der Schieber in der Leitung ist geöffnet:

Pumpe nacheinander mit mindestens fünf verschiedenen Drehzahlen im gesamten Regelbereich fahren, bei jeder Betriebseinstellung den Durchfluss in m³/h oder L/s und den Druck in m WS ablesen (0,1 bar = 1 m WS), Drücke über den zugehörigen Durchflusswerten entsprechend Abb. 13 auftragen. Auf diese Weise erhält man die Rohrkennlinie. Die manometrische Förderhöhe im gewünschten Betriebspunkt der neuen Pumpe ist auf der Kennlinie über dem Sollwert für den Förderstrom abzulesen.

Für die gegebene Kombination von Förderhöhe und Förderstrom kann dann eine passende Pumpe anhand von Kennfeldern[1] bzw. einzelner Pumpen-

---

[1] Im Kennfeld einer Pumpe sind die verschiedenen Pumpenkennlinien für unterschiedliche Laufradgrößen und Drehzahlen zusammen gefasst.

kennlinien ausgesucht werden, welche die Pumpenhersteller für ihre Liefer-programme vorlegen.

Danach werden die weiteren Kenngrößen der ausgesuchten Pumpe, wie z.B. der Wirkungsgrad und der Leistungsbedarf, ebenfalls anhand von Kennlinien ermittelt.

Der Leistungsbedarf P, d.h. die an der Pumpenkupplung oder an der Pumpen-welle vom Antrieb her aufgenommene Leistung (in kW), kann auch berechnet werden:

$$P = \frac{\rho \cdot Q \cdot H}{3{,}67 \cdot \eta_P}$$

mit ρ Dichte des Fördermediums in kg/L

           Q Förderstrom in m³/h

           H manometrische Förderhöhe in m

           η_P Pumpenwirkungsgrad in %

                  (aus den Herstellerunterlagen)

Abschließend ist noch die Motorleistung festzulegen (s.u.).

Grundsätzlich ist die Pumpe auszusuchen, welche im Betriebspunkt den höchsten Wirkungsgrad aufweist. Bei Pumpen, die geregelt betrieben wer-den, ist auf einen möglichst hohen mittleren Wirkungsgrad zu achten. Für Regelzwecke sind Pumpen mit einer steileren Kennlinie besser geeignet.

Nicht jeder Hersteller hat eine Pumpe im Programm, die genau zum vorgege-benen Betriebspunkt passt, bzw. im Betriebspunkt den höchsten Wirkungs-grad aufweist. Außerdem können Pumpen unterschiedlicher Fabrikate, die genau den gleichen Zweck erfüllen, Wirkungsgradunterschiede von mehre-ren Prozent aufweisen.

Daher ist es ratsam, sich zwecks Unterlagen und Kostenangeboten gleich an mehrere Hersteller zu wenden. Ferner ist darauf zu achten, dass in die neue Pumpe bei Bedarf auch andere Laufräder eingebaut werden können.

Liegt die Entscheidung für den Betriebsleiter nicht auf der Hand, auch nicht nach einer Besprechung mit dem oder den Pumpenherstellern, sollte ein Fachingenieur mit der Pumpenauswahl beauftragt werden.

Über die gesamte Nutzungszeit einer Pumpe betrachtet liegen die Stromkosten ein Vielfaches über den Anschaffungskosten. Eine kontinuierlich betriebene Pumpe verursacht in einem Jahr etwa so viel Stromkosten, wie sie in der Anschaffung kostet (s. auch Abb. 10). Dies bedeutet, dass die Gesamtkosten einer Pumpe in starkem Maße durch den Pumpenwirkungsgrad beeinflusst werden.

Beispiel

Jahresstromverbrauch einer Pumpe mit einer erforderlichen Leistung (an der Pumpenwelle) von 7,6 kW bei einem Gesamtwirkungsgrad der Pumpe von a) 67 % und b) 62 % :

a) [7,6 kW · 24 h/d · 365 d/a] : 0,67 = 66.576 : 0,67 = 99.367 kWh/a
b) 66.576 : 0,62 = 107.381 kWh/a
⇨ Differenz Stromverbrauch: 8.013 kWh/a

Bei großen Pumpen mit langen Betriebszeiten und damit einem hohen Stromverbrauch ist auch eine Garantieabnahme (nach DIN 1944) in Betracht zu ziehen. Der Wirkungsgrad hat hier eine ähnliche Bedeutung wie der Sauerstoffertrag von Belüftungssystemen bei Belebungsanlagen und sollte daher regelmäßig im Betrieb überprüft werden.

➡ **Laufradform**

Der Wirkungsgrad von Kreiselpumpen wird durch die Form des Laufrads mitbestimmt (siehe Tabelle 7). Vor einer Ersatzbeschaffung ist daher zusätzlich zu prüfen, ob die betrieblichen Voraussetzungen für die ursprüngliche Wahl des Laufradtypen noch bestehen. Durch den zwischenzeitlichen Einbau von Feinsieben in der mechanischen Stufe etwa hat sich die Verstopfungsgefahr in den nachfolgenden Behandlungsstufen deutlich vermindert.

Der Tausch gegen ein Laufrad mit höherem Wirkungsgrad kommt u.a. in folgenden Fällen in Betracht:

a) Einlaufhebewerk: Einkanalrad statt Wirbelrad

b) Rücklaufschlammförderung, Kreislaufführung von belebtem Schlamm oder Tropfkörperablauf: Zweikanalrad statt Einkanalrad

c) Bei geringen Förderhöhen (interner Kreislauf bei vorgeschalteter Denitrifikation): Mehrkanalrad statt Einkanalrad oder Propellerpumpe statt Kreiselpumpe

d) Faulbehälterumwälzung: Einkanalrad statt Wirbelrad

Im Übrigen arbeiten Kreiselpumpen bei der Förderung von Frisch- oder Faulschlamm im Allgemeinen mit deutlich höheren Wirkungsgraden als Exzenterschneckenpumpen (Mohnopumpen). Steht bei letzteren eine Ersatzbeschaffung an, ist ein Pumpenwechsel in Betracht zu ziehen, sofern der zu fördernde Schlamm nicht stark gast.

➡ **Werkstoff**

Der Wirkungsgrad von Pumpen geht durch unvermeidlichen Verschleiß mit zunehmender Betriebszeit nach und nach zurück. Dies gilt insbesondere für Pumpen, die sandhaltiges Abwasser fördern (Regenbeckenentleerung, Rohabwasseranhebung, Sandentnahme). Durch die Wahl hochverschleißfester Werkstoffe (z.B. chrommolybdänlegiertem Guss) bei der Ersatzbeschaffung von Pumpenteilen (Gehäuse, Schleißwand, Laufrad) kann einem raschen Wirkungsgradabfall entgegengewirkt werden. Die höheren Kosten werden neben dem geringeren Stromverbrauch auch durch die längere Lebensdauer der Teile aufgewogen.

➡ **Elektromotoren**

Die meisten Antriebsmotoren auf Kläranlagen sind vor allem auch aufgrund kräftiger Sicherheitszuschläge überdimensioniert. Reserveleistungen von 50 % und mehr werden mit der Gefahr durchbrennender Wicklungen begründet. In der Praxis hat sich jedoch gezeigt, dass Defekte durch Überhitzung meist nicht die Folge einer zu schwachen Auslegung, sondern auf eine unzureichende Lüftung des Motors zurückzuführen sind.

Muss ein defekter Motor ersetzt werden, ist vor der Beschaffung des neuen Motors dessen tatsächlicher Leistungsbedarf P_W in kW zu überprüfen, z.B. bei Pumpen mittels:

$$P_W = \frac{100 \cdot P}{\eta_M}$$

mit   P   Leistungsbedarf an der Pumpenwelle in kW

          η_M Wirkungsgrad des Motors in % (je nach Motorgröße zwischen etwa 80 und 95 %, s. Herstellerunterlagen)

Wird auf eine Berechnung verzichtet, ist der pauschale Sicherheitszuschlag knapp zu bemessen: Bei Motoren bis 7,5 KW nicht mehr als 20 %, von 7,5 – 40 kW nicht mehr als 15 % und ab 40 kW nicht mehr als 10 %.

Die für Tauchmotorpumpen angegebenen Motorleistungen enthalten bereits Leistungsreserven von 10 – 15 %. Nach der Festlegung auf eine bestimmte Pumpengröße ist unter Bezug auf den Leistungsbedarf P im maßgebenden Betriebspunkt (abzulesen auf der Leistungskennlinie) der nächst größere Motor zu wählen.

Größere Motoren, die dauernd oder nur mit kurzen Pausen laufen, sollten auch im laufenden Betrieb überprüft werden. Stellt sich heraus, dass ein Motor ständig zu weniger als 50 % ausgelastet (Ermittlung der Auslastung, vgl. 6.2.10) und dadurch mit deutlichen Wirkungsgradeinbußen zu rechnen ist, sollte dieser genauer untersucht werden. Durch den Tausch gegen einen kleineren Motor kann der Stromverbrauch ggf. deutlich gesenkt werden.

 Vorsicht

Der Teillastwirkungsgrad eines überdimensionierten Motors kann immer noch größer sein als der Wirkungsgrad eines kleineren Motors, welcher der Leistung genau angepasst ist.

Vor der Beschaffung eines neuen Motors mit geringerer Leistung ist zu prüfen, ob die vorhandene Peripherie (Frequenzumformer etc.) noch zu diesem passt. Ggf. muss, um den Wirkungsgrad optimieren zu können, zunächst in neue Komponenten investiert werden.

Motoren verschiedener Hersteller können aufgrund unterschiedlicher Fertigungsqualität bei gleicher Nennleistung unterschiedliche Wirkungsgrade aufweisen. Ein teurerer Motor kann sich über einen höheren Wirkungsgrad schnell bezahlt machen.

Insbesondere bei größeren Motoren mit hohen Laufzeiten sollte man daher Angaben über den spezifischen Wirkungsgrad einholen und sich diesen auch garantieren lassen. Bei der Abnahme auf dem Prüfstand des Herstellers sind die im Betrieb erwarteten Lastverhältnisse zu simulieren. Der Auftraggeber sollte bei der Abnahme anwesend sein.

Grundsätzlich werden bei den Motoren drei Effizienzklassen eff1, eff2 und eff3 unterschieden. Die Zuordnung erfolgt anhand der Wirkungsgrade. In die Klasse eff3 fallen die konventionellen Motoren mit den üblichen Wirkungsgraden. Mit eff2 werden die im Wirkungsgrad verbesserten Motoren und mit eff1 die hocheffizienten Motoren bezeichnet. Die Kennzeichnung erfolgt mittels folgender Logos:

Abb. 14 zeigt die Verhältnisse für den Fall, dass die Motoren mit Nennleistung betrieben werden. Bei Teillast können die Wirkungsgradunterschiede deutlich niedriger ausfallen.

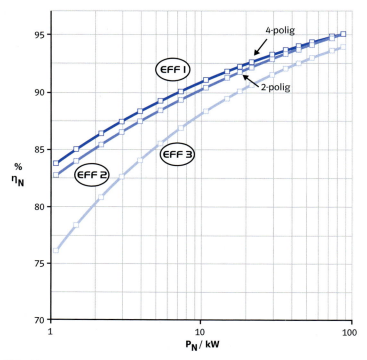

Abb. 14:
Kennlinien der Wirkungsgradklassen [15]

Die Entscheidung, wann ein eff2- oder eff1-Motor eingesetzt werden soll, kann in der Regel anhand einer Überschlagsrechnung getroffen werden. Die Einsparungen errechnen sich analog zu denen bei der Pumpenauswahl.

Beispiel
Jahresstromverbrauch eines Motors mit einer erforderlichen Leistung (an der Welle) von 11 kW bei einem Gesamtwirkungsgrad des Motors von a) 87 % (eff3) und b) 92 % (eff1).

a) [11 kW · 24 h/d · 365 d/a] : 0,87 = 96.360 : 0,87 = 110.759 kWh/a
b) 96.360 : 0,92 = 104.739 kWh/a
⇨ Differenz Stromverbrauch: 6.020 kWh/a

Gleichstrommotoren weisen im Vergleich zu Drehstrommotoren einen deutlich geringeren Wirkungsgrad auf (Ausnahme Motorbelastungen < 40 % der Nennbelastung). Sofern auf Kläranlagen noch alte Gleichstrommotoren im Einsatz sind, sollten diese daher gegen Drehstrommotoren ausgetauscht werden.

6.4 Ergänzungsausstattung zur gezielten Energieeinsparung

Durch sinnvolle Ergänzungen auf der Maschinen- und Geräteseite kann der Stromverbrauch punktuell gesenkt werden. Vor entsprechenden Beschaffungen ist jedoch der Nachweis zu führen, dass sich die Investitionen zumindest mittelfristig amortisieren. In die Wirtschaftlichkeitsbetrachtungen auf Jahreskostenbasis mit Hilfe der dynamischen Kostenvergleichsrechnung [16] sind u.a. auch die Kosten für die Einbindung der neuen Teile in die vorhandene Peripherie mit einzubeziehen.

Das Betriebspersonal, dem die zusätzlichen Einrichtungen überantwortet werden, sollte, wenn es die Initiative nicht selbst ergreift, nicht erst an der Umsetzung, sondern bereits an den Vorüberlegungen beteiligt werden. Dadurch kann das erweiterte System optimal gestaltet und kostengünstig installiert werden. Durch die im Folgenden beispielhaft aufgeführten Ergänzungsmaßnahmen lassen sich die Voraussetzungen schaffen für

- eine verbesserte Automatisierung von Prozessen sowie

- verfahrenstechnische Umstellungen,

die sich nicht nur auf der Energieseite positiv auswirken, sondern auch zur Verbesserung bzw. Stabilisierung der Reinigungsleistung beitragen. Zur Begründung verschiedener Maßnahmen wird auf die vorhergehenden Abschnitte verwiesen.

➡ **Drehzahlregulierung von Motoren mittels Frequenzumrichter**

Stufenlose Drehzahlregelung von Schneckentrogpumpen mit Vorgabe des Unterwasserpegels im Füllpunkt (vgl. ⇨6.2.3)

Stufenlose Drehzahlregelung von Kreislauf- und Rücklaufschlammpumpen. Dabei ist jeweils auf eine sinnvolle Kombination von Förderaggregaten mit Frequenzumrichter und ohne Frequenzumrichter zu achten (Geräte mit fester Drehzahl zur Grundlastabdeckung).

➡ **Tausch von ständig unterbelasteten Motoren gegen kleinere Aggregate, Zukauf kleinerer Aggregate zur Grundlastabdeckung**

Bei zu großen Gebläsen Ersatz durch ein kleineres Gebläse (zum Beispiel zur Sandfangbelüftung) bzw. Zukauf eines kleineren Aggregates zur Abdeckung des minimalen Sauerstoffbedarfes (Grundatmung im Belebungsbecken).

Bei zu groß dimensionierten Pumpen (Kreislauf- und Rücklaufschlamm, Überschussschlamm etc.) Zukauf eines kleineren Aggregates.

➡ **Beschaffung von kontinuierlichen arbeitenden Messgeräten und Ersatz bei der Probenvorbehandlung**

Kontinuierliche Ammoniummessung am Ende des Belebungsbeckens zur verbesserten Regelung des Sauerstoffeintrages (zusätzlichen Aufwand für die Peripherie und Regeltechnik beachten). Eine Stromersparnis von 10 % – 15 % gegenüber einer einfachen Sauerstoffregelung ist möglich. Der gemessene Ammoniumwert wird als Störgröße auf den Sauerstoffsollwert oder die Belüftungszeit (bei intermittierender N/DN) aufgeschaltet.

Kontinuierliche Messung der oxidierten Stickstoffverbindungen am Ende der Denitrifikation zur Regelung des internen Kreislaufes bei der vorgeschalteten Denitrifikation oder der Belüftungsphasen bei intermittierende Denitrifikation (zusätzlichen Aufwand für die Regeltechnik beachten)

Ersatz von bestehenden Systemen zur Probenvorbehandlung durch energieärmere Verfahren (vgl. ⇨6.2.10.12)

Kontinuierliche Messung des Redoxpotenzials bei der intermittierenden Denitrifikation zur Steuerung der Belüftungspausen. Vor der Anschaffung ist grundsätzlich ein wirtschaftlicher Vergleich mit dem Einsatz von online-Messgeräten für Ammonium oder Nitrat (vor allem in Form ionensensitiver Elektroden) durchzuführen.

Die Einbindung eines Prozessanalysators in einen Regelkreis bedeutet nicht nur einen zusätzlichen installations- und regeltechnischen Aufwand (auch Festlegung von Ersatzstrategien), sondern auch einen erhöhten Aufwand für Wartung sowie zusätzliche Energie- und Verbrauchsmittelkosten.

➡ **Einbau verlustarmer Armaturen / Sonstige Maßnahmen**

Einsatz von Kugelhähnen und Absperrklappen an Stelle von Ventilen,

Verwendung geeigneter Rückschlagklappen bei Luftleitungen zur Verminderung der Druckverluste,

Anschaffung von Durchflussmessgeräten mit einem möglichst geringen Leistungsbedarf,

Einbau einer automatischen Generalausschaltung für alle Verbraucher, die außerhalb der üblichen Arbeitszeit nicht benötigt werden (Bildschirme, Anzeigelampen, Lüftungsanlagen etc.),

Automatische Abschaltung von Einspeisetrafos zur Vermeidung von Leerlaufverlusten, falls deren Leistung nicht erforderlich ist.

➡ **Verfahrenstechnische Umstellungen**

> Anlagen mit aerober Schlammstabilisierung ohne gezielte Denitrifikation sollten unverzüglich auf intermittierende Denitrifikation umgestellt werden. Dazu sind abschaltbare Belüfter und an geeigneter Stelle Rührwerke einzubauen. Eine Alternative zu den Rührwerken stellt die gezielte, sukzessive Umwälzung mit Luft dar (siehe ⇨6.2.7). Durch den Rückgewinn an Sauerstoff durch die Denitrifikation kann der Energiebedarf für die Belüftung um bis zu 30 % reduziert werden. Gleichzeitig werden geringere Stickstoffgehalte im Ablauf erreicht.

 Vorsicht

■ Die vorhandene Belüfterkapazität muss ausreichen, um den (noch) vorhandenen Sauerstoffbedarf in einer dann wesentlich kürzeren Belüftungszeit abzudecken. Sollten dafür größere Gebläse benötigt werden, müssen die neuen Druckverhältnisse unter Berücksichtigung der vorhandenen Luftleitungen und Belüfterelemente rechnerisch überprüft werden.

■ Bei zu geringen Belüftungszeiten (< 12 – 16 h/d) besteht die Gefahr, dass der Schlamm nicht mehr ausreichend aerob stabilisiert wird (Geruchsbildung, schlechtere Entwässerbarkeit) und zudem Blähschlamm auftritt. Der Glühverlust des Belebtschlammes sowie der Ammonium-Stickstoffgehalt im Schlammwasser (sollte 50 mg/L nicht wesentlich überschreiten) sind vor der Umstellung und danach regelmäßig zu kontrollieren. Ggf. sind die Belüftungsintervalle wieder zu verlängern.

Umwälzung und Belüftung in Belebungsbecken sind (ggf. abschnittsweise) durch Einbau und entsprechende Ansteuerung von Rührwerken funktional zu trennen. In Schwachlastzeiten (oft nachts bzw. bei dünnem Mischwasserzufluss) mit geringem Sauerstoffbedarf kann die Belüftung (auch abschnittsweise) abgeschaltet werden und die Umwälzung energetisch wesentlich günstiger durch Rühren erfolgen. Während zur ausreichenden Umwälzung des belebten Schlammes bei feinblasigen Druckluftsystemen eine Leistungsdichte von ca. 8 W/m^3 benötigt wird, reichen bei richtig gewählten Rühraggregaten in größeren Becken bereits weniger als 2 W/m^3 Belebungsbeckenvolumen aus (vgl. ⇨ 3.3.3).

 Vorsicht

Es muss sichergestellt sein, dass der Rührwerksbetrieb nicht zu einer Beschädigung der Belüfterelemente führt.

Dort, wo noch alte Kreiselbelüfter voll eingetaucht zur Umwälzung in Denitrifikationsreaktoren eingesetzt werden, sollten diese umgehend durch weniger energieintensive Rührwerke ersetzt werden.

Verfügt eine Anlage in allen Beckenbereichen über abschaltbare Belüfter, kann bei höheren Abwassertemperaturen und NH$_4$-N-Ablaufwerten unter 2 mg/L das DN-Volumen auf bis zu ca. 50 % des gesamten Beckenvolumens ausgedehnt werden. Ggf. sind hier weitere Umwälzaggregate zu installieren

 Vorsicht

Durch die erhöhe Belüfterbeaufschlagung wird die Sauerstoffzufuhr energetisch etwas ungünstiger. Kann dies durch erhöhte Denitrifikation und damit erhöhten Sauerstoffrückgewinn nicht ausgeglichen werden, entsteht kein energetischer Vorteil.

➡ Konstruktive Maßnahmen im Bereich der Nachklärung

> Die Optimierung des Nachklärbeckeneinlaufes kann eine verbesserte Schlammeindickung zur Folge haben. Dadurch kann das erforderliche Rücklaufschlammverhältnis vermindert und der Stromverbrauch der RLS-Pumpen reduziert werden.

> Durch Anhebung des Wasserspiegels im Nachklärbecken mittels Hochsetzen der Wehrschwelle kann die geodätische Förderhöhe der RLS-Förderung vermindert werden (Rückstau beachten).

Beide Maßnahmen bringen aber nur dann Vorteile, wenn die örtlichen Voraussetzungen einen einfachen Umbau zulassen.

➡ Konstruktive Maßnahmen im Bereich der Schlammfaulung

> Die Umrüstung von der Umwälzung des Faulbehälterinhalts mittels Pumpen auf Gaseinpressung führt zu einer deutlichen Energieeinsparung (s. dazu auch unter ⇨6.2.5).

➡ Konstruktive Maßnahmen im Bereich der Belüftung

> Bei Umstellung von Linienbelüftung auf Flächenbelüftung kann der Stromverbrauch in der Biologie ebenfalls deutlich gesenkt werden.

7 Geschickte Detailgestaltung im Zuge von Sanierungs- und Erweiterungs-maßnahmen

Geplante Sanierungs- und Erweiterungsmaßnahmen sind stets auch auf ihre energetischen Auswirkungen hin zu überprüfen. Weiterhin sollten bestehende Leitungen und Aggregate nach Möglichkeit optimiert werden.

Die nachfolgenden Ausführungen können nur Anregungen geben. Die fachliche Prüfung und Umsetzung sind Aufgabe des Fachingenieurs, der dazu aber immer den Rat des Betriebspersonals einholen sollte.

➡ Verfahrenskonzeption

Bei unterschiedlichen Verfahrensvarianten sollten unter dem Gesichtspunkt der Betriebskosten auch die Energiekosten des Gesamtsystems im Betrieb miteinander verglichen werden. Entscheidende Punkte sind hier oft:

- ein verminderter Faulgasanfall durch Verkleinerung bzw. Wegfall der Vorklärung

- das nur bei vorgeschalteter Denitrifikation erforderliche Kreislaufschlamm-pumpwerk

- die Anordnung der Reaktoren, aus der sich Längen und Höhendifferenzen der Abwasser- und Schlammleitungen ergeben

- die Auswirkungen einer maschinellen Schlammvoreindickung (⇨6.2.10.8) mit verfahrenstechnischen Vorteilen bei Anlagen mit erhöhter biologischer Phosphatelimination und der Möglichkeit, die Einrichtungen zur Schlammbehandlung kleiner zu dimensionieren

➡ Förderaggregate und Leitungsführung

Förderaggregate und Leitungen verursachen sowohl Investitionskosten als auch Betriebsaufwendungen. Grundsätzlich ist zu prüfen, inwieweit geringfügig höhere Investitionskosten durch geringere Betriebskosten amortisiert werden können. Die nachfolgenden Vorschläge können, müssen aber nicht, eine positive Kosten-Nutzen-Relation ergeben.

- Wahl größerer Leitungsquerschnitte zur Verminderung von Leitungsverlusten.

- Vermeidung unnötiger Höhenverluste bei der Trassierung von Leitungen und der Gestaltung von Überfällen (insbesondere bei Quelltöpfen), bei denen oft zu hohe Wasserspiegeldifferenzen festzustellen sind. Voraussetzung dafür sind sorgfältige hydraulische Berechnungen. Bestehende Leitungen sind ggf. zu korrigieren.

- Anpassung von Pumpen an den benötigten Förderstrom durch automatisches Zu- und Abschalten abgestufter Aggregate, um diese immer im Bereich des optimalen Wirkungsgrades betreiben zu können.

- Wahl von Stellgliedern mit möglichst geringem Widerstand. Kugelschieber bzw. Blenden weisen gegenüber Plattenschiebern nicht nur ein besseres Regelverhalten auf, sondern haben auch geringere hydraulische Verluste.

- Ausbesserung beschädigter Tröge bei älteren Schneckentrogpumpen, Ersatz des Pumpenkörpers im Falle beschädigter Schaufeln.

- keine gemeinsame Anhebung von internem Kreislauf zusammen mit Zulauf und Rücklaufschlamm, da mit der Einleitung von belebtem Schlamm in den Pumpensumpf des Zulaufs stets ein unnötiger Höhenverlust verbunden ist.

- Pumpensümpfe ausreichend groß dimensionieren. Häufiges Schalten von (zu groß dimensionierten) Pumpen in (zu) kleinen Pumpensümpfen hat einen erhöhten Stromverbrauch durch hohe Anlaufströme und ggf. viele Schieberbewegungen zur Folge.

➡ Belüftungseinrichtungen

Der richtigen Auslegung der Belüftungseinrichtungen kommt bezüglich eines energiearmen Anlagenbetriebes größte Bedeutung zu. Bei Neuausrüstungen sollten folgende Punkte unbedingt beachtet werden:

- Die Dimensionierung hat neben den üblichen Maximalbelastungen im Ausbauziel auch Berechnungen zum Maximal- und Minimalfall im Ist-Zustand zu enthalten. Letztere kann über die Grundatmung des belebten Schlammes abgeschätzt werden. Damit liegt der geforderte Arbeitsbereich der Belüftung fest, Überdimensionierungen lassen sich vermeiden.

- Es sind grundsätzlich Belüftungssysteme mit hohem Sauerstoffertrag [kg O_2/ (kWh)] zu installieren. Diese Forderung erfüllt insbesondere die feinblasige Flächendruckbelüftung mit Keramik- oder Membranelementen. Membranbelüfter weisen in der Regel geringere Ertragswerte als Keramikelemente auf, so dass letztere grundsätzlich in den Bereichen eingebaut werden sollten, die absehbar immer belüftet werden. Eine Kombination von Membran- und Keramikbelüftern in verschiedenen Beckenbereichen ist nur sinnvoll, wenn die unterschiedlichen Druckverluste bereits im Bau durch unterschiedliche Einbauhöhen ausgeglichen werden und die Regelung der Sauerstoffzufuhr den Sachverhalt berücksichtigt.

- Bei der Auslegung ist von den Erfahrungen der Hersteller auszugehen. Falsch verstandenes Sicherheitsdenken führt immer zu überdimensionierten Systemen mit allen negativen Folgen und einem erheblich höheren Strombedarf. Angesetzte α-Werte < 0,70 bei Feststoffgehalten unter 3,5 g/L sind kritisch zu hinterfragen, ebenso sind die Angaben zur spezifischen Sauerstoffzufuhr und zum Sauerstoffertrag sorgfältig auch auf Plausibilität zu prüfen. Gute Systeme erreichen bei Beckentiefen zwischen 4,5 m und 7,0 m und bei üblicher Beckengeometrie Ertragswerte über 3,7 kg O_2/kWh unter Reinwasserbedingungen.

- Die Entwässerung der Luftleitungen (vorzugsweise am Ende eines jeden Belüftungsgitters) ist unverzichtbar.

- Bei größeren, mehrstraßigen Anlagen haben sich die Systeme der Gleitdruckregelung wie der Verteilregelung gegenüber der bisher oft realisierten Druckkonstanthaltung als noch energieärmere Belüftungskonzepte bewährt. Voraussetzung ist allerdings eine sinnvolle Auswahl der einzelnen, regelbaren Belüftungsbereiche.

- Energetische Vorteile bietet die Anpassung der Gebläseleistung an den benötigten Förderstrom durch automatisches Zu- und Abschalten abgestufter Aggregate. Damit können diese immer im Bereich des optimalen Wirkungsgrades betrieben werden.

- In Hochlastzeiten (z.B. Kampagnebetrieb) kann die zusätzliche Begasung mit Reinsauerstoff eine Alternative zur größeren Auslegung der Belüftung darstellen. Ein Wirtschaftlichkeitsvergleich sollte auf jeden Fall durchgeführt werden. In diesen Fällen kann außerdem der geplante Sauerstoffüberschuss reduziert werden.

  Dabei darf nicht übersehen werden, dass für die Erzeugung und den Eintrag von Reinsauerstoff nicht unerheblich Energie verbraucht wird (mindestens 0,6 kWh/kg O_2).

■ Bei Regelarmaturen ist darauf zu achten, dass bei der automatisierten, geregelten Luftverteilung auf einzelne Belüfterstränge vorzugsweise Blendenregulierschieber an Stelle von Plattenschiebern oder Klappen eingesetzt werden.

➡ Umwälzaggregate

Zur Umwälzung von belebtem Schlamm reicht, je nach Beckengeometrie und -größe eine Leistungsdichte von 1,5 – 4 W/m³ umzuwälzendes Beckenvolumen aus. Unter ⇨3.3.3 sind Zielwerte für den praktischen Einsatz von Rührwerken angegeben. Diese sollten mit Blick auf den Stromverbrauch nicht wesentlich überschritten, zur Vermeidung von Ablagerungen aber auch nicht wesentlich unterschritten werden.

⚠ **Vorsicht**

Zu schwache Rührwerke können das Wasser nicht gegen eine als „Hindernis" wirkende Belüftung fördern, so dass sich bildender Schwimmschlamm weder untergerührt wird noch weitergeführt werden kann. Dieses Problem kann bei längs durchströmten Becken ohne gerichtete Oberflächenströmung und bei Umlaufbecken auftreten. Bei Umlaufbecken mit nebeneinander liegenden Zu- und Abläufen können zudem gravierende Kurzschlussströmungen entstehen.

➡ Sonstiges

■ Wasserkraftnutzung zum Beispiel mit radial durchströmten Freistrahlturbinen bei ausreichendem Gefälle zwischen zwei Anlagenteilen oder vor dem Auslauf.

■ Nach Möglichkeit Verzicht auf Elektroradiatoren oder -strahler in Rechengebäuden, Werkstätten etc. und

- Anschluss der betreffenden Räume an die zentrale Warmwasserheizung, alternativ

- Zuführung warmer und trockener Luft aus der Gebläsestation bzw. aus dem Bereich des Blockheizkraftwerkes

■ Begrenzung des Zuflusses zum Schneckenhebewerk im Einlauf der Kläranlage durch motorbetriebenen Absperrschieber, der über den Wasserspiegel im Pumpensumpf angesteuert wird. Dadurch können die Schnecken auch bei stark erhöhtem Mischwasserzufluss im Füllpunkt, d.h. mit höchstem Wirkungsgrad betrieben werden (vgl. ⇨6.2.4.2). Das überschüssige Abwasser wird zwischenzeitlich im ankommenden Sammler gespeichert. Voraussetzung für diese Lösung ist ein Sammler mit entsprechend großem Speichervolumen, aber ohne Entlastung in den Vorfluter. Bleibende Ablagerungen dürfen nicht auftreten.

8   Energiemanagementsysteme

Die Stromkosten richten sich nach den Vereinbarungen im Stromlieferungsvertrag. Die wichtigsten Elemente darin sind der Leistungspreis für die vereinbarte Vorhalteleistung bzw. die bezogene Leistung und der Arbeitspreis für die gelieferte Wirkarbeit, ggf. auch für die gemessene Blindarbeit. Zur Minimierung der Strombezugskosten ist es mithin erforderlich, neben dem eigentlichen Stromverbrauch auch die Leistungsspitzen so weit möglich zu senken, die oft als 15-Minuten-Höchstwerte in die Abrechnung eingehen. Die Senkung des Spitzenstrombedarfes kann mit der Hilfe von Energiemanagementsystemen erreicht werden, die des Weiteren die Aufgabe haben, mehrere Aggregate einer Verbrauchergruppe (insbesondere in Gebläsestationen und Pumpwerken) so zu steuern, dass in der Summe der maximale Wirkungsgrad erzielt und dadurch der Stromverbrauch als solcher minimiert wird.

Zur Vergleichmäßigung des Leistungsbezuges werden bei Erreichen einer vorgewählten Bezugslast einzelne Verbraucher automatisiert für einen gewissen Zeitraum vom Netz genommen oder zumindest in ihrer Leistung zurückgefahren. Verfahrenstechnische Nachteile bei der Abwasserreinigung dürfen dadurch natürlich nicht entstehen. Notwendig ist immer die Aufrechterhaltung des Wasserweges (einschließlich der Vermeidung von Rückstau in den Kanal und der sicheren Anhebung des Ablaufes in den Vorfluter bei Hochwasser). Die Belüftung ist für kurze Zeiträume dagegen von untergeordneter Bedeutung. Ein einfacher Lastabwurf kann mit der entsprechenden Hardware für bis zu 10 Verbrauchergruppen preiswert realisiert werden, wenn die bestehenden Schaltanlagen dafür ausgelegt sind. Statt mit Hardwaregeräten kann der Lastabwurf mit moderner Leittechnik auch in mehreren Stufen geräteabhängig (nicht in Gruppen) durch Parametrierung vorgenommen werden. Dies setzt aber eine entsprechende „elektrische Infrastruktur" der Schaltanlagen und Steuerbausteine voraus

Die Gestaltung des Energiemanagementsystems ist in erster Linie vom Stromvertrag abhängig, die Ausführung kann in unterschiedlicher Ausgestaltung [17] erfolgen.

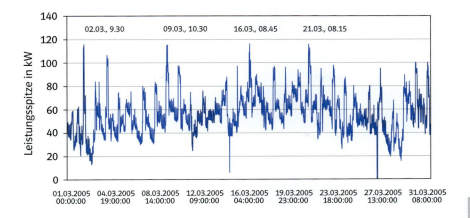

Abb. 15:
Beispielhafte Darstellung der 15-Minuten-Leistungsspitzen einer Kläranlage mit ca. 20.000 E in einem Monat

Zur Prüfung der Wirtschaftlichkeit eines einfachen Lastabwurfsystems ist in folgenden Schritten vorzugehen:

■ Auswertung des Lastverlaufes im Tagesgang (Leistungsdaten können in der Regel vom Energieversorger kostenfrei bezogen werden)

■ Analyse des Stromvertrages und Abschätzung der Bedeutung von Lastspitzen bei der Strompreisfindung

■ Ermittlung des aggregatspezifischen Reduktionspotenzials anhand der Verbraucherliste und der verfahrenstechnischen Randbedingungen (Möglichkeit der Außerbetriebnahme)

■ Prüfen von zusätzlichem Erzeugungspotenzial (BHKW)

■ Ermittlung des Einsparpotenzials

■ Ermittlung der Investitionskosten

■ Wirtschaftlichkeitsberechnung auf Jahreskostenbasis

Die Implementierung eines Lastabwurfsystems oder höherwertiger Energiemanagementsysteme wird in der Regel mit externer fachtechnischer Unterstützung erfolgen.

9 Schlussbemerkungen

Die Leistungsfähigkeit, die Betriebssicherheit und die Wirtschaftlichkeit waren bisher die maßgebenden Kriterien, nach denen Kläranlagen bemessen, betrieben und beurteilt wurden. Die Liste dieser Kriterien ist unbedingt um den Energieverbrauch zu erweitern, der als wichtiger ökologischer und ökonomischer Faktor in der Vergangenheit häufig nicht oder zu wenig beachtet wurde.

Unter diesem Gebot erscheint es notwendig, dass Verfahren, die als energiearm bekannt sind, aber wegen ihrer höheren Investitionskosten kaum zur Ausführung kamen, zukünftig neu bewertet werden, wie etwa Tropfkörper oder Rotationstauchkörper bei der biologischen Abwasserreinigung. Außerdem ist es heute nicht mehr nur vertretbar, sondern sogar geboten, in die Anlagentechnik punktuell mehr Geld zu investieren, wenn dadurch über längere Zeiträume Energie eingespart werden kann.

Die Minimierung des Stromverbrauchs darf nicht als einmalige Angelegenheit verstanden werden, die sich durch die energiebewusste Planung von neuen Anlagen bzw. von Erweiterungs- oder Sanierungsmaßnahmen erledigen lässt. Hier handelt es sich vielmehr um eine Daueraufgabe, für die in erster Linie der Betrieb die Verantwortung trägt. Zu einem konsequenten und letztlich erfolgreichen Energiemanagement gehört, dass

- der Stromverbrauch insgesamt sowie der der wichtigsten Verbraucher in regelmäßigen Abständen erfasst und bewertet wird

- betriebliche Prozesse und maschinelle Einrichtungen ständig auf Optimierungsmöglichkeiten hin überprüft werden

- bei Ersatz- und Ergänzungsbeschaffungen deren Energieeffizienz im Vordergrund steht.

Voraussetzung dafür ist die Ausstattung zumindest der wichtigsten Aggregate mit Amperemetern, Betriebsstundenzählern und Manometern sowie die Erstellung und Fortschreibung einer Liste mit den Leistungsdaten aller Antriebe auf der Kläranlage. Wird auf dieser eine Elektrofachkraft beschäftigt, empfiehlt sich auch die Beschaffung einer Leistungsmesszange.

Die genannten Aufgaben können durch ausreichend motiviertes und qualifiziertes Betriebspersonal erledigt werden. Entsprechende Hinweise und Hilfen werden in diesem Leitfaden gegeben.

Sofern nach einer ersten groben Beurteilung der Energiesituation die systematische Erfassung sämtlicher Stromverbraucher auf der Kläranlage durch Dritte für erforderlich gehalten wird, sollten damit spezialisierte Fachingenieure beauftragt werden. Die Kosten einer solchen Analyse sollten immer in einem angemessenen Verhältnis zu den möglichen Einsparungen stehen.

Die Stromkosten richten sich nach den Vereinbarungen im Stromlieferungsvertrag. Die wichtigsten Elemente darin sind der Leistungspreis für die vereinbarte Vorhalteleistung bzw. die bezogene Leistung und der Arbeitspreis für die gelieferte Wirkarbeit, ggf. auch für die gemessene Blindarbeit. Zur Minimierung der Strombezugskosten ist es mithin erforderlich, neben dem eigentlichen Stromverbrauch auch die Leistungsspitzen so weit möglich zu senken. Bei Unterschreitung eines bestimmten Leistungsfaktors (meist $\cos\varphi = 0,9$) wird auch die Blindarbeit berechnet. Hohe Stromrechnungen können den Anlagenbetreiber zu einer Blindstromkompensation zwingen, die zusätzliche Investitionen erforderlich macht. Grundsätzlich sind von Zeit zu Zeit sämtliche Vertragsbedingungen zu überprüfen.

Blockheizkraftwerke zur Faulgasverstromung können auch auf Kläranlagen mittlerer Größe wirtschaftlich betrieben werden. Durch sie können Kosten eingespart werden, vor allem aber sind sie auf der ökologischen Seite ein Gewinn. Im Bemühen um eine nachhaltige Verminderung der Kohlendioxidemissionen, die durch den Kläranlagenbetrieb verursacht werden, kann durch die Installation eines BHKW in der Regel mehr erreicht werden als durch alle möglichen Energieeinsparmaßnahmen zusammen.

10   Literatur

[1]   Stromverbrauch auf kommunalen Kläranlagen. Handbuch Wasser 4, Band 13 (1998), Landesanstalt für Umweltschutz Baden-Württemberg (Hrsg.)

[2]   Haberkern, B., Maier, W., Schneider, U.: Steigerung der Energieeffizienz auf kommunalen Kläranlagen (2006), Forschungsprojekt im Auftrag des Umweltbundesamtes (Förderkennzeichen 20526307)

[3]   Kläranlagen- und Kanal-Nachbarschaften – Ergebnisse des Kommunalen Leistungsvergleichs 2007 (2008), DWA-Landesverband Baden-Württemberg (Hrsg.)

[4]   Müller, E., Kobel, B., Künti, T., Pinnekamp, J., Böcker, K.: Handbuch „Energie in Kläranlagen" (1999), Ministerium für Umwelt, Raumordnung und Landwirtschaft des Landes Nordrhein-Westfalen (Hrsg.)

[5]   Haberkern, B.: Energieeinsparung in Kläranlagen (1999), IMPULS-Programm Hessen, Darmstadt

[6]   Energiebilanzierung auf Kläranlagen. Arbeitsbericht des ATV-FA 3.1 (1999)

[7]   Agis, H/AEC.: Energieoptimierung von Kläranlagen (2002), Bundesministerium für Land- und Forstwirtschaft, Umwelt- und Wasserwirtschaft, Wien (Hrsg.)

[8]   Steigerung der Energieeffizienz von Abwasseranlagen (2007), Ministerium für Umwelt, Forsten und Verbraucherschutz Rheinland-Pfalz (Hrsg.)

[9]   ATV-M 209: Messung der Sauerstoffzufuhr von Belüftungseinrichtungen in Belebungsanlagen in Reinwasser und belebtem Schlamm (1996)

[10]   ATV-DVWK-M 265: Regelung der Sauerstoffzufuhr beim Belebungsverfahren (2000)

[11]   Baumann, P., Krauth, Kh., Maier, W. und Roth, M.: Leitfaden „Funktionsstörungen auf Kläranlagen" – Systematisches Vorgehen zur Ermittlung und Behebung von Funktionsstörungen (2008), DWA-Landesverband Baden-Württemberg (Hrsg.)

[12]   Erfahrungen zum Betrieb von Abwasserfiltern. Arbeitsbericht der DWA-AG KA 8.3 (2008)

[13]   Merkblatt DWA-M 268: Steuerung und Regelung der Stickstoffelimination beim Belebungsverfahren (2006), GFA, Hennef

[14] DWA-Merkblatt M-269: Prozessmessgeräte für Stickstoff, Phosphor und Kohlenstoff in Abwasserbehandlungsanlagen (2008), GFA, Hennef

[15] Zentralverband Elektrotechnik- und Elektronikindustrie e.V. (Juni 2000). Fachverband Elektrische Antriebe – Kosteneinsparung statt Regulierung

[16] LAWA-Leitlinie Kostenvergleichsrechnung 2003/2005

[17] Baumann, P., Reichert, J. und Arnold, J. - U. (2007) – Unterlagen der Abwasser-Meisterbildung 2007 – 2008, Teil: Energiemanagement auf Kläranlagen, DWA, Hennef

10